KB104537

아빠표 영어로 끝장내는 영어 학습법

아빠표 영어로 끝장내는 영어 학습법

황현민 · 김종석 지음

모아북스
MOABOOKS

영어 공부가 쉬웠어요!

영어 하나 때문에 아이의 인생이 바뀔 수도 있다?!

그렇다. 인정하기는 싫지만, 대한민국에서 "영어"의 입지는 그 정도로 대단하다. 입시뿐만 아니라 대학 졸업, 취업 그리고 승진까지, 영어가 늘 걸림돌이다. 살아오면서 뼛속 깊이 이를 경험한 엄마, 아빠들은 그래서 마음이 급하다. 이제 막 입을 뗀 아이 손을 잡고 영어유치원부터 시작, '등골 브레이커'를 자처하는 학원비를 감내해가며 입소문 난 영어학원에 아이들을 줄 세운다.

"그런데, 도대체 이게 뭐지?"

잘 다니던 회사를 그만두고 뒤늦게 대학원에서 영어 교육을 전공한 나는 공교육, 사교육 현장에서 세 번 놀랐다.

첫째, 강산이 두 번 바뀌었음에도 불구하고 영어 교육 방식이 그대로

였다는 점.

둘째, 투자 비용 대비, 아이들의 영어 실력이 과거보다 크게 나아지지 않았다는 점.

셋째, 아이들의 학업 스트레스가 터지기 일보직전이었다는 점.

최근에 상담을 하며, 학원에 가기 싫다고 울던 5학년 아이 때문에 마음이 아팠다. 엄마를 실망시키고 싶지 않지만, 너무 힘들다고 했다.

"워크북까지 합하면 교재가 열 권이나 돼요. 학교 다녀와서 세 시간 동안 꼬박 숙제를 해도 다 할 수가 없어요. 그래서 숙제를 제대로 해간 적이 한 번도 없고, 그때마다 선생님한테 혼이 나요."

아이는 자기가 "다른 아이들보다 너무 부족하다"며 울먹였다. 하지만 아이가 꺼내 놓은 교재를 살펴보니 무엇이 문제인지 단번에 알 수 있었다. 아이 수준과 상관없이, 말도 안 되게 어려운 원서 교재를 사용하고 있었던 것이다.

일타 강사로 유명한 김기훈 대표가 유튜브 방송에서 이렇게 말했다.

"저는 대치동에서 잘 나가던 학원 사업을 모두 접었습니다. 당장 필요도 없는 미국 대학 입학용 교재를 여행용 캐리어 가방에 들고 다니며 공부하는 초등학생들을 보면서 자괴감이 들었습니다. 내 아이는 절대 그렇게 키우고 싶지 않았습니다."

그분의 솔직한 고백에 무릎을 쳤다. '사교육의 대명사'로 이름난 분이 털어놓은 얘기라 울림이 더 컸다. 나 또한 대치동에서 아이들을 지도하며 '내 아이는 절대 이렇게 키우지 않겠다'고 다짐했던 경험이 있기에 더욱 공감할 수 있었다.

안·타·까·웠·다

우리나라는 뛰어난 국민성으로, 단기간에 세계인이 부러워하는 강국으로 도약했다. 하지만 '빨리빨리 문화'로 대표되는 조급증은 우리를 자주 힘들게 했고, 내 아이 또한 그 피해자가 되었다. 한 가지 더! 내 아이의 성향과 취향을 고려하지 않은 채 다른 아이와 비교하는 것도 문제였다. 그래서 '엄친아', '엄친딸'이 등장하고, 아이들은 늘 비교의 저울 위에 올라가야 했다.

일부 학원에서는 이런 문화와 심리를 잘 활용했다. 지금 당장 시작하지 않으면 큰일이 날 것처럼 경쟁심을 부추기면서, '지금 하지 않으면 옆집 아이보다 뒤진다'는 공포심을 조장했다. 서울의 어느 유명 학원가에서는 "미국 아이들보다 영어 잘하는 아이를 만든다"는 캐치프레이즈를 걸고 미국 교과서의 선행 학습을 하고 있다. 우리나라 초등 3학년이 미국 초등 4학년 교재로 공부를 하는 것이다. 한국 대통령 이름도 잘 모르는 아이가 복잡한 미국 선거제도에 대해 시험을 봐야 했다.

내가 만났던 한 초등학생은 공부 스트레스로 인해 자해 비슷한 행동을 하고, 극단적인 이야기를 서슴없이 했다. 너무 충격적이고 안타까웠다. 매일 몇 시간을 투자해도 모자랄 학원 숙제와 레벨업 테스트, 우리말로도 이해가 안 되는 내용을 미국 교과서로 선행 학습하면서 아이가 병들어가고 있었던 것이다.

정도의 차이는 있지만, 많은 부모님과 아이들을 만나면서 비슷한 경우를 목격했다. 답답했다. 그 비싼 돈을 들여가면서, 아이를 불행하게 만드는 영어학원에 등을 떠밀 필요가 있을까? 영어를 학습하는 방법이 그것밖에 없는 걸까?

그런 의문과 고민 끝에 '엄마표영어'에서 해답을 찾았다. 낯선 학원에 보내 선생님께 아이의 영어 교육을 떠맡길 게 아니라, 집에서 아이가 좋아하는 책과 영상으로 자연스럽게 영어에 노출시키는 방식이었다. 실제로 아들 동빈이를 엄마표영어 방식으로 직접 코칭하면서 내 선택이 옳았음을 알게 되었다. 내 아이뿐만이 아니었다. 온라인 카페를 개설해서 다른 부모님들과 함께 엄마표영어를 진행하는 동안 많은 성공 사례를 보았다.

그리고, 영어에 자신감이 생기면 다른 과목을 학습할 때도 그 성공의 경험이 큰 도움이 된다.

돕·고·싶·었·다

첫째, 집에서 가능하다.

둘째, 큰 돈 안 든다.

셋째, 아이가 즐겁게 공부한다.

엄마표영어는 이 세 가지를 충족하는 동시에, 궁극적으로는 아이의 영어 실력이 쑥쑥 향상된다는 것이 핵심이다. 그래서 이런 학습 방법을 더 많은 사람들에게 알려야겠다는 사명감을 갖고 이 책을 집필하기 시작했다.

아들 동빈이는 초등 2학년 끝 무렵까지 알파벳도 헷갈리던 아이였다. 여러 가지를 시도해봤지만, 영어가 외계어 같다고 거부하는 바람에 포기하고 있었다. 사실 영어에 집중할 수 있는 형편도 안 되었다. 초등학교 입학과 동시에 시작된 틱 장애 때문에 아이는 학교 생활에 적응하지 못했고, 학교에 가기 싫다고 우는 게 일상이었다.

이런 힘든 시간이 없었다면 나도 엄마표영어에 관심을 갖지 못했을 것이다. 그냥 학원에 아이를 맡기면 저절로 다 잘될 거라고 믿었을 것이다.

하지만 내 아이 때문에 마음이 아파보니 다른 아이들을 바라보는 시선도 변했다. 도움이 필요한 아이가 있으면 어떻게든 돕고 싶었다.

Can Do, 매일 매일의 기적 만들기!

독박육아, 육퇴 '육아 퇴근' 의 준말, 아이가 잠들면 그제야 육아에서 놓여남을 퇴근에 비유하여 이르는 말라는 말이 생길 정도로 대한민국 엄마들은 정말 바쁘고 힘들다. 거기에 영어 교육까지 '엄마표' 라니, 심리적인 부담이 이만저만이 아니다.

이때, 엄마표영어에 대한 관점을 바꿔야 한다. 엄마표영어는 영어를 잘하는 엄마만 할 수 있는 게 아니다. 영어를 잘 모르는 지극히 평범한 엄마, 아빠도 얼마든지 가능하다. 엄마표영어는 '티칭' 이 아니라 '코칭' 이기 때문이다. 다시 말해, 엄마는 선생님이 돼서 모든 것을 가르치는 것이 아니라, 옆에서 도와주는 코치 역할을 하는 것이다. 아이가 좋아하는 내용으로 영어에 노출될 수 있는 환경을 만들어주고, 격려해주는 역할만으로도 충분하다. 아이들에게는 재미가 가장 큰 동기이므로 그저 꾸준히 즐길 수 있게만 하면 된다. 재미를 느끼고 습관화만 되면 아이 스스로 척척 잘한다. 그러니 '슈퍼맘' 이 되어야 한다는 부담감을 내려놓자. 우선 엄마가 마음을 편하게 가져야 더 멀리, 더 오래 갈 수 있다.

엄마표영어를 실천하고픈 엄마, 아빠들과 네이버 '엄실모엄마표영어실천모임' 카페에서 4년 넘게 함께하고 있다. 그리고 책에 소개된 실천 후기처럼 많은 분들이 놀라운 결과를 만들어내고 있다. 지금 아이의 영어 실력 때문에 고민이 된다면, 책에서 소개하는 학습 방법들을 꼭 실천해보자. 아이가 초등 고학년, 아니 중학생이라 해도 올바른 영어 학습 방향을 정해서 시작한다면 절대 늦지 않다.

He can do, she can do, why not me?
그도 할 수 있고 그녀도 할 수 있는데, 나는 왜 안 돼?

실리콘밸리의 신화를 이룬 재미교포 사업가 김태연 회장이 한 말이다. 아이들이 '캔 두Can Do 할 수 있다' 정신을 가질 수 있도록 격려하고 응원해주자. 다른 아이와 비교하지 말고, 내 아이의 속도에 맞추어 매일매일 한 걸음씩 나아가면 된다. 중간에 포기하지만 않는다면 매일매일의 기적을 반드시 경험할 것이다.

김종석 박사와 함께 시나브로 공부법으로

"아이들은 재미없으면 안 합니다. 반면, 자기가 재미있으면 하지 말라고 뜯어말려도 어떻게든 하죠. 그러니 아이들에게 영어가 재미있다는 것을 알려주기만 하면 됩니다."

EBS 교육방송의 〈딩동댕 유치원〉의 뚝딱이 아빠로 유명한 김종석 박사는 영어를 '공부'가 아닌 '놀이'로 접근하라는 데 힘을 실어주서서 같이 집필하게 됐다. 김종석 박사는 억지로 책상에 붙들어 놓으려고 애쓰지 말고, 아이가 푹 빠져서 놀 수 있도록 놀이로 만들어 주라는 것이었다.

예를 들어 'apple-100원', 'dog-50원'이라고 종이에 쓴 뒤 이것을 잘 접어서 숨기고, 제한된 시간 안에 보물찾기를 하듯 찾아서 소리 내 읽으면 적힌 금액만큼 용돈을 주는 것이다. 10~20개 단어를 일주일만 반복하면 아이는 보지도 않고 단어를 줄줄 외운다. 아이에게 이것은 파닉스 공부가 아니라 진짜(?) 보물찾기인 셈이다.

아이가 apple를 찾아왔을 때 "에이 피 피 엘 이, 이건 애플. 사과라는 뜻이야" 하고 알려주면 안 된다. "와! 애플을 찾았구나. 우리 애플 먹을까?' 하고 냉장고에서 사과를 꺼내 깎아먹는 것으로 충분하다. 혹은 "백설 공주가 독이 든 애플을 먹고 쓰러졌지 뭐야" 하는 식으로 동화와 단어를 연결해서 말해 주는 것도 좋다.

김종석 박사가 말하는 시나브로 공부법은 모르는 사이에 조금씩 영어와 가까워지고 하나씩 영어를 익히는 방법이다. 김종석 박사는 '어린이 대통령'이라는 호칭에 딱 맞게, 아이들의 심리를 알려주면서 어떤 방향으로 집필을 해야 할지 명확히 맥을 짚어주었다.

이 책은 크게 5개 Part 로 이루어져 있다.

Part 1은 강산이 두 번 바뀌어도 크게 변한 게 없는 '우리나라 영어 교육의 문제점'을 지적하고 있다. 그리고 그 대안으로 주목받고 있는 엄마표영어에 대한 내용도 담았다. 아무 고민 없이 남들이 하는 방식대로 따라 하기엔 내 아이의 미래가 너무 소중하다.

Part 2는 동빈이의 '아빠표영어' 진행 과정에 대한 이야기다. 책 곳곳에 동빈이의 말하기 연습 과정을 QR코드로 담았다. 아이마다 모두 성향이 다르므로, 모든 아이가 동빈이처럼 할 필요는 없다. 각자의 상황과 형편에 맞게, 참고하길 바란다.

Part 3은 '엄마표영어' 걸음마 단계부터 시작해, 어떻게 '아이표영어'가 완성되는지를 6단계 읽기 독립 실천 로드맵으로 정리해보았다. 각 단계마다 구체적인 학습 방법과 추천 도서를 소개하였다.

Part 4는 '영어 아웃풋 학습법'에 대한 내용이다. 지난 4년간 함께해온 네이버 엄실모 카페에서 실천해온 생생한 학습법을 담았다.

 Part 5는 엄마표영어를 꾸준히 실천할 수 있는 방법과 함께 엄마표영어를 성공적으로 실천 해온 이웃맘 열세 명의 이야기를 담았다. '평범한 이웃들이 들려주는 솔직한 경험담'이 엄마표영어 시작을 고민 중인 분들에게 많은 도움이 될 것이라고 확신한다.

황현민·김종석

Part 1

고장 난 시계, 대한민국 영어 교육
내 아이 영어, 접근 방식이 중요하다

Part 2

아빠표영어, 나도 도전해볼까?

걱정마세요. 아직 안 늦었어요!

Part 4

영어 말문이 터지는 동빈이네 영어 아웃풋 학습법

내 아이 '영어 수다쟁이 만들기' 프로젝트

Part 5

함께 가면 험한 길도 쉬워진다

실천은 오늘부터, 날마다!

고장 난 시계,
대한민국 영어 교육

내 아이 영어, 접근 방식이 중요하다

아이에게 어떤 영어를
가르치고 있나?

소위 '잘 나가는' 회사를 그만두고 뒤늦게 대학원에 들어가면서 영어 교육에 첫발을 내딛었다. 글로벌 시대를 살아갈 우리 아이들이 세계 무대에서 언어의 불편함을 겪지 않도록 하겠다는 당찬 포부를 품고서 말이다.

시대가 바뀌고 교육 환경이 좋아진 만큼 아이들의 영어 실력이 뛰어날 것이라 생각하니 기대 반, 긴장감 반이었다. 하지만 막상 현장에 나갔을 때, 나의 예상은 크게 빗나갔다. 시험 문제지 앞에서 척척 정답을 써나가던 아이도, 영어로 말을 걸었을 때 당황한 채 입을 떼지 못했다. 쉬운 대화조차도 이어나가지 못했다. 예전에 나와 그 아이들의 부모가 그랬듯이 말이다. 시대가 바뀌어도 교육현실은 크게 달라지지 않았던 것이다.

미국교육평가원ETS이 발표한 '2019년 전 세계 토플 성적 통계 데이터' 자료를 살펴보면, 한국인의 평균 토플인터넷 기반 토플 기준 성적은 120점 만점에 83점으로 171개국 중 공동 87위였다. 거의 중간 정도다. 하지만 토플 말하기 영역 성적은 30점 만점에 20점으로 북한, 중국, 대만과 함께 공동 132위였다. 영어 교육을 위해 해마다 수조 원의 사교육비를 쓰고 있는 현실에 비추어 부진한 성적이다.

왜 그런 걸까? 한 중학교 영어 시험 문제를 보면 그 이유를 조금이나마 알 수 있다.

문제 : 다음 문장 중 to부정사의 형용사적 용법으로 알맞은 것은?

30여 년 전 내가 풀었던 문제와 크게 다르지 않다. 학교 시험 문제가 이렇다보니 학원에서도 별반 다르지 않게 가르친다. 초등학생이 다니는 학원에서도 아이의 수준과 상관없이, 보여주기 식의 어려운 내용을 가르친다. 하루에 수십 개씩 단어를 암기시키고 시험을 치르는 것이 정말 내 아이를 위한 걸까, 아니면 다음 달 학원 재등록을 시키기 위한 것일까?

윗집 사는 초등학생 종민이는 틀린 개수만큼 손바닥을 맞는 스파르타식 영어학원에 다니는데, 엘리베이터에서 만날 때마다 영어가 너무 싫나고 고개를 설레설레 젓곤 했다.

학교도, 학원도 100% 신뢰할 수 없다면 내 아이 영어 교육은 도대체 어떻게 해야 할까? 15년간의 영어 교육 경험과 아들 동빈이를 아빠표영어로 코칭하면서 내린 결론은 '영어는 문제 풀기가 아니라 언어를 배울 때처럼' 접근해야 한다는 것이다.

아기에게 "엄마"라는 말을 가르치기 위해 글자를 보여주는 사람은 없을 것이다. ㅇ과 ㅓ, ㅁ이 만나 "엄"이라는 글자가 된다고 이해시키려 들지도 않는다. 그저 백 번이든 천 번이든, 아기가 알아듣든 알아듣지 못하든, "엄마" 소리를 반복해서 들려준다. 그게 언어를 익히는 방법이다. 한국인이기 때문에 영어보다 한국어를 잘하는 것이 아니고, 늘 한국어를 들으며 자랐기 때문에 한국어를 잘할 수밖에 없는 것이다.

이것을 공식으로 만들면 다음과 같다.

> **영어 자립 = 즐거운 영어 인풋 + 꾸준한 말하기 연습**

새로울 것 없지만, 이게 답이다. 재미있는 영어책, 유튜브, DVD, 온라인 영어도서관 등으로 매일 영어 환경에 아이를 노출시키면 된다.

여기서 중요한 점은, 처음부터 말하기에 대한 관심을 갖는 것이다. 영어교수법 중에서 총체적 언어 접근법Whole Language Approach이라는 것이 있다. 이 교수법에 따르면 영어는 한 가지 영역에 치우쳐서 따로 가르치기보다 듣기, 말하기, 읽기, 쓰기의 자연스러운 결합으로 네 가지 영역을 통합적으로 지도하는 방법이 가장 효과적이라고 한다. 네 가지 언어기능은 특히 자유로운 의사소통을 위해 긴밀한 상호연관성이 있기에 처음부터 함께 배우는 것이 좋다고 한다.

예를 들어 'cat'이라는 단어를 처음 배울 때 파닉스 규칙으로 c-a-t 으로 음가와 읽는 법만 가르치는 것에서 더 나아가 뜻도 바로 알 수 있도록 이미지를 보여주면서 원어민 음성을 듣고 따라하게 한다. 그리고 "Do you like a cat?" 등 간단한 질문을 해보는 것이다. 그러면 아이가 영어를 배우는 이유가 의사소통을 하기 위해서임을 자연스럽게 받아들이게 될 것이다.

듣고 읽다보면 언젠가 저절로 말문이 트인다고 말하는 사람도 있지만, 경험상 그것은 힘들다. 듣기도 잘하고 읽기 수준도 높지만, 말하기가 안돼서 나중에 고생하는 경우를 수도 없이 보았다. 나를 포함한 부모 세대가 그랬던 것처럼. 영어를 자주 사용하는 나라에서 살면 어쩔 수 없이 영어를 말해야 하는 환경에 있으므로 충분한 인풋만으로도 말하기가 가능할 것이다. 하지만, 우리나라처럼 '영어를 외국어로 배우는 환경EFL' 에서는 의식적인 노력 없이는 영어를 말할 기회가 전혀 없다. 영어 말하기가 필요 없다고 생각하면 상관없지만, 내 아이 만큼은 영어에서 자유롭게 해 주고 싶다면 처음부터 영어 말하기에도 관심을 가져야 한다.

영어 말하기, 너무 어렵게 생각하지 말자. 영어가 들리면 들리는 대로 무조건 따라 하는 습관 들이기부터 시작하면 된다. 엄마, 아빠가 먼저 시범을 보여주자. 처음엔 무슨 뜻인지 생각하지 말고 그냥 소리를 흉내 내는 것도 좋다. 이렇게 따라 말하기 습관만 잘 들이면 원어민 같은 발음과 억양을 구사할 수 있다. 거기에 책과 영상 등으로 차고 넘치게 인풋을 하면서 아이들 수준에 맞춰 낭독, 한영 스위칭 연습, 스토리 서머리, 화상 영어 등을 꾸준히 하다보면 외국에 나가지 않아도 영어 말문이 트인다.

"그래도 영어 시험을 치르려면 공부를 따로 해야 되는 거 아니에요?"

미심쩍은 눈초리로 걱정하는 학부모도 있지만 그럴 필요 없다. 이렇게 영어를 배우면 진짜 실력이 생겨서, 시험에서도 좋은 결과를 얻을 수 있다. 불안하다면, 문제풀이 연습만 해주면 된다.

영어 강국인 핀란드도 1960년까지는 우리나라와 비슷한 상황이었다.

이후 가정과 학교에서 영어 교육 체계를 바꾸었고, 지금은 전 국민의 70% 이상이 영어로 의사소통이 가능하다고 한다. 어려서부터 영화 같은 동영상을 이용해 충분히 듣고, 말하기 연습을 적극적으로 시키기 때문이다. 부럽지만, 당장 우리나라에서는 힘들어보인다. 엄마표영어가 그 대안으로 각광받고 있는 이유다.

영포자였던 아빠와 아들

영포자영어를 포기한 자들은 하나같이 말한다.

"영어를 어디서 어떻게 시작해야 할지 모르겠어요."

나 또한 학창시절 영포자였기에 그 답답함을 누구보다도 잘 알고 있다. 성인이 되어 뒤늦게 영어를 잘하고 싶은 마음을 가졌지만 영어 학습 방법을 모르기는 마찬가지였다. 그래서 시중에 나와 있는 거의 모든 방법을 찾아 시도해보았다. 문법 특강을 수강하고, '영어는 발성이 중요하다'고 강조하는 학원에서 미친 듯이 소리 지르며 발성 연습도 해보았고, '미국 드라마로 익히는 영어'라고 해서 온라인 강의 1년 권을 구매해놓고 몇 달 만에 포기한 적도 있었다.

하지만 그렇게 해서 내린 결론은 '비법은 없다'는 것이었다. 비법이라는 것 대부분이 학원과 회사들의 과장 광고였고, 사람들을 유인하는 돈

벌이 수단에 불과했다. 그리고 영어는 위의 공식처럼, 수많은 경험 쌓기와 매일매일의 연습 없이는 제대로 배울 수 없다는 것을 깨달았다. 수영이나 자전거를 배우는 데 거창한 비법이나 이론 강습이 필요한 것이 아니라 직접 해보는 것이 최선인 것처럼 말이다.

동빈이가 일곱 살일 때, "유치원 영어 수업 재미있니?"하고 물은 적이 있다. 그랬더니 고개를 절레절레 저으며 손사래를 치는 것이 아닌가. 학교에서 영어를 가르치고 있으면서 정작 내 아이에게 신경 써 주지 못한 것이 못내 미안했다. '도대체 영어 수업이 왜 재미없다고 하는 거지?' 궁금해서 유치원에서 배우고 있는 교재를 살펴보았다.

"아!"

뒤통수를 맞은 기분이었다. 아직 알파벳도 잘 모르는 유치원생에게 어휘와 내용이 한참 어려운 리딩 위주의 교재를 가지고 가르치고 있었으니……. 나는 당연히 유치원생 나이에 맞게 쉬운 스토리북으로 배우거나 노래 배우기와 말하기 중심의 수업이 진행되고 있는 줄 알았다. 그동안 아이는 무슨 말인지도 모르는 책을 펼쳐놓은 채 얼마나 지루하고 답답했을까. '영어가 외계인어 같다'는 아이 말을 듣고, 《XX종합영어》를 공부하면서 영어를 싫어하게 된 나의 옛 모습이 오버랩되었다.

나는 중학교에 입학하면서 처음 알파벳을 배운 세대다. 이후 영어는 늘 어렵고 재미없는 과목이었다. 입시를 위해 어쩔 수 없이 공부를 하기는 했다. 하지만 문법과 독해 위주의 교재는 암호를 해독하는 것만큼이나 어려웠다.

중학교 3년, 고등학교 3년, 대학교 4년, 이렇게 10년 동안 영어 공부를 했지만 영어는 시험을 보기 위한 수단이었을 뿐이었다. 그리고 대학생 때 미국 어학 연수를 갔을 때 비로소 알게 되었다. 10년 동안 배운 영어가 아무 쓸모없다는 것을.

"How can I get to the subway station?지하철역까지 가려면 어떻게 해야하나요?" 같은 간단한 회화조차 할 수 없어서, 영어 문장을 써놓고 읽어야 했었다.

모든 아이들은 태어나면서 언어 천재로 태어난다

영어 교육 분야에 종사하면서 예전의 나와 동빈이 같은 상황에 있는 아이들을 많이 만나 보았다. 답답하고 안타까웠다. 우리 아이들만큼은 재미있게 공부하면서 언제든 편하게 사용할 수 있는 실용 영어를 익혔으면 하는 마음이 간절했다. 10년을 공부하고도 외국인과 만났을 때 나서 입도 떼지 못하는 영어 교육 현실을 답습하지 않길 바랐다.

MIT 교수이자 유명한 언어학자인 노암 촘스키는 LAD이론을 정립하였다. 사람의 뇌 속에는 선천적으로 LADLanguage Acquisition Device, 언어 습득 장치가 있어서, 언어를 충분히 접하면 자연스럽게 습득하게 된다는 이론이다. 다시 말해, 언어는 이론이나 법칙을 학습해서 되는 것이 아니라 듣고 말하면서 저절로 체계가 완성된다는 것이다. 아기가 말을 배우는 과정을 생각해 보면 이해가 쉽다.

그동안 상담하고 코칭 했던 아이들 중, 처음에는 영어에 대한 거부감이 심했던 아이들이 많았다. 대부분 너무 어렵고 재미없게 영어를 배운 탓이었다. 그 아이들을 변화시키는 공식은 간단했다. 아이의 수준에 맞게, 재미있게, 꾸준히 영어에 노출시켜주면서 말하기 연습을 병행하면 거의 모든 아이가 변했다. 아이들은 "영어가 재미있어요", "영어에 자신감이 생겼어요."라고 입을 모았다.

한 가지 기억할 점은, 학자들에 따르면 LAD는 12세까지 가장 활발하게 작동된다고 한다. 유, 초등시절에 최대한 영어 경험 쌓기에 집중해야 할 이유다. 오늘 당장 내 아이가 어떻게 영어를 배우고 있는지 꼭 확인해 보자. 그리고 이제부터라도 영어를 언어로 배울 수 있게 도와주자.

영어 자립 = 즐거운 영어 인풋 + 꾸준한 말하기 연습

이 공식만 지킨다면, 재미있게 공부하면서 언제든 쉽게 사용할 수 있는

실용 영어를 익힐 수 있다.

내 아이 영어 교육,
잘 모르면 ○○되기 쉽다

빈칸에 들어갈 말은 무엇일까?

정답은 '호갱' 이다.

호갱은 사전에 "어수룩하여 이용하기 좋은 손님을 낮잡아 이르는 말"로 정의돼 있다. 딱 내 얘기다. 얼굴에 '호갱' 이라고 쓰인 것처럼, 물건을 살 때 바가지 쓰는 일이 많다. 금액이 작든 크든 기분이 썩 좋지 않다. 그런데 단순히 돈뿐만 아니라 내 아이의 미래가 달린 일이라면 이건 또 다른 문제다.

영어 사교육 시장과 핸드폰 판매점호갱을 제대로 호갱 대접하는 곳의 대표주자의 공통점은 다음과 같다.

첫째, 정확한 정보를 알기 어렵다.

둘째, 상담 직원의 현란한 말솜씨에 홀린다.

셋째, 당장 시작구입하지 않으면 나만 뒤떨어질 것처럼 불안감을 조장한다.

넷째, 여기이것보다 좋은 것은 없다고 강조한다. 이밖에도 둘의 공통점은 많다. 그리고 호갱들은 여지없이 그들에게 넘어간다.

'아이 맞춤형 프로그램' 이 아닌 '프로그램 맞춤형 아이'

"일주일 만에 영화를 자막없이 볼 수 있다, 30분 만에 귀가 뚫린다, 하루 영어 문장 하나씩만 따라 하면 영어가 완벽하게 들린다……."

온라인 검색창에 뜨는 이런 식의 광고를 보고 나 또한 덜컥 1년치 수강 신청을 한 적이 있다.

물론 과거에 비해 영어학원의 수준도 높아졌고 그만큼 선택의 폭도 다양해졌다. 따라서 학원을 잘만 선택한다면 적절한 도움을 받을 수 있다.

하지만 아직도 많은 곳에서 아이의 수준이나 흥미를 고려하지 않고 터무니없이 어려운 교재를 선택해 보여주기 식으로 진행하기 때문에, '아이 맞춤

• 김기훈 대표 인터뷰

형 프로그램'이 아닌 '프로그램 맞춤형 아이'가 만들어지고 있다.

'사교육의 대명사'라 할 수 있는 메가스터디 대표강사 김기훈 대표는 잘 나가던 대치동 학원을 완전히 접었다. 그가 진심으로 한 말은 "내 아이는 절대 그렇게 키우고 싶지 않았습니다"였다. 아무리 수익이 좋은 사업이라도 '아동학대'에 가까운 지금의 형태로는 계속할 수 없었다고 고백했다.

학원에서 잘 가르치고 있겠거니 믿고 있다가, 뒤늦게 아이의 영어 상태를 알게 되어 후회하는 경우를 너무 많이 보았다. 지금 영어를 잘 못하더라도 다시 시작할 수 있으면 그나마 다행이다. 아주 어릴 때부터 시험 과목으로 영어를 접한 아이들은 "영어라면 이제 지긋지긋하다"고 치를 떠는 바람에 다시 시작하기도 힘들 때가 많다. 일종의 영어 트라우마라고나 할까? 현직 고등학교 선생님의 이야기를 들어보니 상태가 심각했다. 학부모 상담 때 아이 문제로 눈물까지 보이는 엄마들이 많다고 한다. 중학교 때까지는 엄마가 시키는 대로 그럭저럭 학원에 잘 다니던 아이들이, 고등학교에 들어와서는 학원이 지긋지긋하다며 "이젠 엄마가 시키는 대로는 죽어도 못하겠다"고 한다는 것이다.

'우리 애는 안 그래. 얼마나 잘하고 있는데.'

지금 유치원생 또는 초등학생 자녀를 둔 부모는 그렇게 생각할지도 모른다. 하지만 마음 한편으로는 '우리 애도 커서 그렇게 되면 어떡하지?'

하는 불안감이 있을 것이다. 누가 이런 결과를 원할까? 아이도, 부모도, 선생님도 원하지 않는 일이지만 현실에서는 만연해 있는 문제다. 사교육 업계의 잘못된 관행에 억울한 희생양이 되지 않으려면, 내 아이에게 더 많은 관심을 기울여야 한다. 어쩔 수 없이 학원의 도움을 받아야 하는 경우도 마찬가지다. 광고나 상담 선생님의 말만 믿지 말고, 아이의 흥미와 수준에 맞춘 프로그램인지 꼼꼼히 살펴야 한다.

방향을 잡는 것이 중요하다

직장 맘들의 경우 엄마표영어로만 진행하기 힘든 경우가 있다. 그래서 학원을 보내야 한다면, 엄마표영어와 병행하면서 시너지 효과를 볼 수 있는 학원을 선택해야 한다. 특히 아이가 아직 저학년이라면 독해 문제집을 교재로 사용하는 학습적인 접근이 아니라 듣기와 말하기를 강조하는 곳, 그리고 이왕이면 책 읽기 프로그램을 갖춘 곳을 추천한다. 학원 운영자 중에는 교육에 전혀 관련 없는 사람이 강사를 고용해 학원을 운영하는 곳도 있지만, 교육에 대한 사명감을 가지고 학원을 운영하는 영어 교육 전문가도 있다. 이왕이면 그런 곳에서 아이들이 공부할 수 있도록 하자.

영어는 언어이기 때문에 시험을 대비한 학습으로만 접근하면 실패할 확률이 높다. 《성문XX영어》, 《맨X맨영어》로 공부한 엄마, 아빠 세대가 그 대표 사례다. 거기에 대해 '자연스런 영어 습득'이 대안으로 떠올랐는데, 그것이 바로 엄마표영어다. 나도 초등학교 2학년 때까지 영어에 대한 거부감이 심했던 아들 때문에 고민하다가 엄마표영어를 알게 되었고, 덕분에 희망을 가질 수 있었다. 부모가 먼저 아이의 영어 교육과 관련한 책을 읽어보길 바란다. 유튜브에도 좋은 정보들이 넘쳐난다. 비슷한 고민을 했던 선배 부모들의 경험담과 조언이 도움이 될 것이다. 휴대폰 하나를 사더라도 충분히 비교하고 사용 후기까지 검토하는데, 하물며 내 아이 영어 교육을 무턱대고 다른 사람 손에 맡길 수는 없지 않은가. 부모가 먼저 영어 교육에 대한 올바른 방향을 잡는 것이 중요하다.

주의 할 점은, 아무리 좋은 학원이라고 해도 학원에 있는 한두 시간만으로는 영어를 자연스럽게 익히기에 부족하다는 것이다. 아이에 대해 제일 잘 알고, 가장 많은 시간을 보내면서 책 읽기와 영상 보기, 흘러듣기 등을 통해 그 부족한 시간을 채워 줄 수 있는 유일한 사람은 바로 엄마와 아빠다. 이것이 엄마표영어에 관심을 꼭 가져야 할 또 다른 이유다.

내 아이 영어 교육, 잘 모른다고 남의 손에만 맡기면 나중에 뒤통수 맞은 기분이 될 것이다. 반대로, 방향을 잘 잡으면 큰돈 안 들이고도 영어 자립이 얼마든지 가능하다. 아이도 엄마도 행복한 영어 교육을 위해, 엄마표영어에 꼭 도전해보길 권한다.

핀란드에서 처음
시작된 엄마표영어

국가 언어가 핀란드어와 스웨덴어임에도 불구하고, 핀란드는 전 국민의 약 70% 이상이 영어로 자유롭게 의사소통을 할 수 있다고 한다. 그들의 학교 교육은 우리와 차원이 다르다. 영어 방송을 들으며 따라 하고, 들은 내용을 가지고 옆 친구와 말하기 연습을 시킨다. 학년이 높아지면 토론 위주의 영어 수업이 이루어진다.

하지만 핀란드인의 영어 사용 능력이 세계에서 최상위권인 이유가 단순히 학교 교육에만 있는 것은 아니다. 어릴 적부터 집에서 영어 환경에 노출되어 왔기 때문이다. 인구가 500만 명밖에 안 되기 때문에 핀란드어로 만들어진 콘텐츠가 절대적으로 부족하고, 그 탓에 어쩔 수 없이 영어 방송을 보고 들으며 성장한 것이다.

"아이가 10세 11세가 되니까 텔레비전에서 하는 영어를 알아듣기 시작하더라고요." — 요하 또끼 아이넨핀란드 학부모

"학교에 오기 전부터 이미 영어를 충분히 들어왔기 때문에 아이들이 영어를 배울 때 더 의욕적이라는 걸 알게 되었습니다. 비록 말은 못해도 상당수 많은 아이들이 영어를 이해할 수 있습니다." — 안나 까이사핀란드 국가교육위원회 외국어 전문가

〈KBS 당신이 영어를 못하는 이유〉 인터뷰 중에서

방송 내용을 요약하면,

"첫째, 핀란드 사람들은 집에서부터 이미 TV와 영어 그림책 등을 통해 충분한 영어 인풋을 쌓은 상태에서 학교에 입학한다.

둘째, 학교에서는 영어를 시험 과목이 아닌 언어, 즉 의사소통의 도구로 배운다" 이다.

핀란드도 처음부터 성공적인 것은 아니었다. 우리와 같은 우랄알타이어족이기 때문에 영어 습득이 쉽지 않은 데다, 1960년대까지만 해도 말하기 중심의 실용 영어보다는 우리나라처럼 독해와 문법 위주의 교육을 받았기에 영어 사용 능력이 그리 좋지 않았다고 한다. 하지만 1970년대 이후 사회적 합의를 거친 대대적인 교육 개혁이 일어났고, 그 이후 지금까지 지속적으로 발전해 왔다.

교육 개혁은 기존에 6년이었던 초등학교 과정을 9년제 기초교육 과정으로 개편하는 것부터 시작되었다. 9학년까지는 의무, 10학년부터 시작

되는 고등교육 과정은 선택할 수 있도록 한 것이다. 저학년1~6학년은 학급 담임교사가 있어서 한 선생님이 모든 과목을 가르치지만, 고학년7~9학년부터는 과목별 교사가 따로 있다. 하지만 외국어 교육은 3학년 때부터 시작된다. 공용어인 스웨덴어, 독일어, 영어 등 기타 외국어 중 1개를 선택해서 공부하는데 학년이 올라가면 외국어를 1~2개 더 추가해서 들어야 한다.

외국어 담당 교사는 원어민을 배제하고 영어와 핀란드어가 모두 유창해야 한다. 교사는 교육 당국과 사회 구성원들로부터 전적인 권한을 부여받기 때문에, 말하기와 쓰기 위주의 주관적인 평가가 이루어져도 아무 문제가 되지 않는다고 한다. 또 의사소통 연습뿐만 아니라 핀란드어를 영어로 표현하는 방식의 과제가 많다고 한다.

우리나라는 미국에서 도입한 의사소통 중심 교수법CLT으로 교과서가 구성되어 있지만, 결국은 시험을 치르기 위한 수업이 이루어지고 있다. 의사소통 중심의 수업이 어렵다면, 차라리 핀란드처럼 우리말을 영어로 바꿔보는 훈련을 하는 것이 오히려 학생들에게 도움이 되지 않을까 하는 생각이 든다.

엄마표영어가 영어 학습의 원형을 만든다

많은 사람들이 "핀란드 교육 정책이 부러워요!" 라고 이야기한다.

하지만 핀란드로 당장 이민 갈 수도 없는 노릇이고, 가까운 시일 내에 우리나라 학교 교육이 획기적으로 변할 것 같지 않다면 부모들이 선택할 수 있는 길은 한 가지뿐이다. 부모가 직접 나설 수밖에 없다. 엄마표영어의 원조인 핀란드 가정에서처럼 책과 영상으로 영어 노출 환경을 만들어주어야 한다. 사교육 업체에서도 변화하는 시대에 맞추어 시험대비용 수업보다는 의사소통에 중심을 둔 수업을 해나가야 한다.

자원이 부족한 우리나라는 태생적으로 전 세계를 무대로 하지 않을 수 없다. 그리고 세계 무대에서 활동하려면 영어를 사용하는 데 불편함이 없어야 한다. 그러기에 더욱, 고비용 저효율 영어 교육 방식을 지금부터라도 획기적으로 바꿔나가야 한다. 다행히도 집에서 적극적인 영어 환경을 만들어주는 교육 방식인 엄마표영어에 점점 더 많은 사람들이 관심을 보이고 있다.

사실 핀란드의 외국어 교육 정책은 가정에서의 교육이 뒤따랐기에 성공한 것인지도 모른다. 누가 뭐래도 가정의 역할은 계속 중요한 과제가 될 것이다.

엄마표영어로
꾸준한 노출이 답이다

정보의 과잉시대, TMIToo Much Information다. 온라인 쇼핑을 할 때, 물건 하나 사는 데도 너무 많은 정보가 검색되는 바람에 오히려 선택장애를 겪게 된다. 영어 공부도 비슷한 상황이다. 온라인으로 원하는 정보를 얼마든지 볼 수 있는 시대에 살고 있지만, '좋다' 혹은 '이것이 정답이다' 하는 것이 많다보니 갈피를 잡기가 힘들다. 학원도 종류가 어찌나 많은지, 여기저기 다니면서 듣는 동안 오히려 판단력이 흐려진다.

"진우초등4학년가 영어를 별로 좋아하지 않아요. 지금까지 학습지를 꾸준히 해왔는데, 이제는 학원을 보내야 할지 고민이에요. 그런데 학원도 못 믿겠고……."
고등학교 영어교사인 진우 엄마는 아들 영어에 관심이 많아서, 학습지 외에 엄마가 직접 단어 암기와 해석을 도와주고 있었다. 하지만 아이의 영어 실력이 별로 늘지 않는 것 같아 고민이 많았다. 더욱 걱정인 것은, 앞으로 아이의 영어 공부를 어떻게 시켜야 할지 갈피를 잡지 못하고 있다는 것이었다. 네이버카페 '엄실모엄마표영어실천모임'를 운영하며 비슷한 고민을 가진 부모들을 많이 만나보았다. 나도 비슷한 고민을 했기에 공감이 되었다.

'영어', 공부보다 습득이다

영어 또한 언어다. 어떤 언어든 습득하는 방식은 똑같다. 똑같은 말을 반복해서 듣다가 어느 순간 쉬운 단어부터 따라 하고, 차츰 그 단어의 의미를 알게 된다. 글씨를 읽는 것도 마찬가지다. 엄마가 그림책을 읽어주면 엄마의 말소리를 따라 글씨를 보다가 마침내 스스로 글씨를 읽게 된다.

듣기를 통해 한 언어에 익숙해지기까지 최소한 3천 시간이 필요하다고 한다. 기껏해야 학교 수업 두세 번, 학원에서 한두 시간 가지고서는 언제 다 그 시간을 채우겠는가. 그래서 늘 아이와 함께 생활하는 엄마, 아빠가 일상에서 틈틈이 영어 노출 환경을 만들어줘야 한다. 그것도 아이가 제일 좋아하는 것을 통해서 말이다.

학교에서 주로 수능대비 수업을 진행하는 진우 엄마는 아이에게 자연스러운 영어 환경을 만들어줄 생각을 못했다고 한다. 영어에 익숙해질 기회도 없이 스펠링 암기와 문법 공부로 영어를 배우니 당연히 영어를 싫어할 수밖에 없다. 아빠가 축구선수라고 해서 아이가 축구를 잘하는 것도 아니다. 부모가 영어교사라고 해서 아이가 영어를 좋아하고 잘하는 것은 아니다. 그러므로 '영어를 못하는데, 내가 어떻게 엄마표영어를 해' 하고 걱정할 필요 없다. 부모의 영어 실력보다는 내 아이가 영어를 쉽고 재밌게 접할 수 있게 해주는게 가장 중요하다.

내 아이가 변했다

지난 몇 년간 아들 동빈이를 '아빠표영어'로 가르치면서, 그리고 온라인 커뮤니티 '엄마표영어실천모임'을 운영하면서, 엄마표영어가 우리나라 영어 교육의 희망임을 확신할 수 있었다. 물론 꽤 오래전부터 아이 교육에 열성적인 부모들과 우리나라 영어 교육 방법에 회의를 느낀 많은 사람들이 나름의 엄마표영어를 실천해왔다. 그리고 그들의 노력에 의해 엄마표영어가 점점 확산되었다. 그래서 나처럼 육아 기본서도 제대로 읽어보지 못한 불량 아빠에게도 '아, 이렇게 하면 되겠구나' 하는 희망의 길을 보여주었다.

동빈이의 영어 공부는 아직도 현재 진행형이다. 하지만 초등 2학년 때까지 알파벳도 잘 모르고 영어라면 고개를 절레절레 젓던 아이가 변해가는 모습을 보면서, 비슷한 고민을 가진 사람들에게 희망을 주고 싶었다. 'Hello' 밖에 말할 줄 모르던 아이가 영어 말하기와 쓰기에 자유로워지면서 원어민들에게 '외국에서 태어났느냐' 는 질문도 받고, 학교 대표로 관내 영어 말하기 대회에 나가 입상도 하고, 영어 뮤지컬 극단에 들어가 대학로에서 정기 공연을 성황리에 마치는 것을 보며 엄마표영어 학습 방식에 확신을 가지게 되었다. 엄마표영어는 특별한 사람만 할 수 있는 게 아니라 누구나 가능하다는 믿음과 함께.

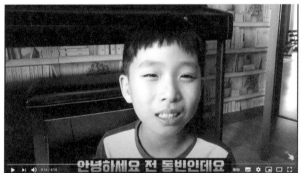

• 동빈이의 영어성장기

위 동영상은 동빈이와 함께 만들었다. 집에서 꾸준히 책 읽기와 영어 말하기 연습을 해온 과정을 담았다. 영상을 만들기 위해 예전에 찍어놓았던 자료들과 카페에 인증했던 사진들을 보면서 감개무량했다. 내 아이의 영어 실력 때문에 고민하고 있다면, 오늘부터라도 당장 엄마표영어를 시작하기 바란다. 틈날 때마다 영어를 틀어주고 하루에 책 한 권 읽기부터 도전해보자.

아이와 부모가 함께 성장한다

엄마표영어 또는 아빠표영어를 하다보면, 부모의 영어 고민까지 함께 해결되는 경우가 많다. 아이 수준에 맞춰 쓴 영어책이나 영상은 영어에 익숙하지 않은 어른들에게도 최고의 교재다. 아이 영어를 도와주면서 함께 외국어 학습으로 자기계발 한다고 생각하면 엄마표영어, 아빠표영어가 더 이상 부담스럽지 않을 듯하다. 나 또한 아이에게 틈날 때마다 다양한 영어 스토리와 오디오북을 틀어주면서 많은 도움을 받았다.

부모와 아이가 영어로 놀다보면 부모의 영어 실력, 아이의 영어 실력이 함께 좋아진다. 덤으로 아이와 행복한 추억도 많이 만들 수 있다. 말 그대로 일석이조Killing two birds with one stone다. 오늘부터 시작해서 엄마표영어 진행 과정을 사진과 영상으로 기록하면, 1년 뒤 또는 2년 뒤에 추억의 성장 노트를 아이에게 선물할 수 있을 것이다.

옆집 돼지엄마 말고,
내 아이 말에 귀 기울여라

"그렇게 해서 영어가 되겠어? 아이들 공부 빡세게 시켜주는 학원 있대. 내일 설명회 같이 가보자고."

지선 엄마는 소개를 받고 딸과 함께 간 학원에서 얼떨결에 레벨테스트까지 보게 되었다. 상담실장은 지선이의 테스트지를 보면서 '이 상태로 두면 다른 아이에 비해 많이 뒤처지게 된다' 고 잔뜩 겁을 주었다. 걱정이 된 지선 엄마는 그 자리에서 학원을 등록했고 가방 한가득 원서를 받아왔다. 상당히 수준 높아 보이는 그 책들로 공부하면 아이의 영어 실력이 금세 업그레이드 될 것 같아 마음이 놓였다. 그런데 학원에 다닌 지 일주일도 안 되어, 지선이는 학원에 다니기 싫다며 울음을 터뜨렸다. 뜻은커녕 읽기도 힘든 단어들이 가득한 교재를 가지고 문법까지 배워야 하니 얼마나 스트레스가 쌓였을까 싶다. 더군다나 한글 설명도 없는 영어 원서 교재를 미리 풀어가는 것이 숙제인데, 지선이는 단 한 번도 숙제를 제대로 해가지 못했다.

흥미와 재미가 우선이다

You can lead a horse to water, but you can't make it drink. 당신이 말을 물가로 끌고 갈 수는 있어도, 말이 물을 먹게 만들 수는 없다.

이 속담처럼, 영어를 할 것인지 말 것인지는 아이의 선택이다. 재미와 흥미가 없으면 아이는 선택하지 않을 것이다. 잘 할 수 있는 아이도 턱없이 높은 수준의 학원 교재 앞에서는 흥미를 잃고 말 것이다.

다음은 〈쿠키뉴스〉에 실린 기사 중 일부다.

한 SLP 지점의 입학 설명회 Q&A 시간에서 한 학부모는 "7세 2년 차가 되니까 교재를 보고 깜짝 놀랐다. 너무 숙제가 많고, 교재가 갑자기 4권으로 늘어나면서… 고3 아이에게 '야, 이거 알겠니?' 물어보면 '7살짜리가 이런 걸 한단 말이야? 그게 말이 돼?' 그러는데 그게 말이 되더라. 처음엔 제가 바쁘다보니 숙제 선생님도 픽업하고 했다. 근데 숙제 선생님도 놀라는 게, '이런 걸 7세가 한단 말이에요?' 라고 하더라. 저희 애가 2년 차 올라가면서 테스트를 맨날 빵점 맞아 왔다. 버스에 내리면서 붉으락푸르락, '나 오늘도 빵점 맞았단 말이야!' 보면 단어 테스트 5개 정도인데 다 틀려서 왔다. 매주 빵점, 간혹 한 개. 근데 어느 순간 애가 연습해서 가고 외워서 가더라.

그 단어가 과학 영어 이런 거다"라 발언했다.

이는 7세 2년 차가 되니 교재의 양과 난도가 지나치게 상승해, 고3이 깜짝 놀랄 정도였다는 것이고, 단어 암기 테스트를 정기적으로 보기도 한다는 것이다. 이 학부모는 자녀의 숙제를 돌봐주기 위해 숙제 선생님을 따로 고용했다고 밝히기도 했다.

2017-01-18 〈쿠키뉴스〉中, 이다니엘 기자

나도 대치동에서 아이들을 가르쳐본 적이 있기에 이 기사가 전혀 과장된 것이 아님을 안다. 물론 모든 학원이 다 이렇지는 않다. 훌륭한 교육철학과 사명감을 가지고 아이들을 진심으로 위하는 곳도 있고, 이런 학원을 다니면서 좋은 성과를 내는 학생도 있다. 그런데 문제는 그 수가 많지 않다는 것이다. 대다수의 학원은 아직도 턱없이 어려운 교재로 어린 아이들에게 학습식 교육을 한다는 것이다.

2017년 1월 18일 〈쿠키뉴스〉의 기사는 다음처럼 이어진다.

과도한 학습으로 학습 효과를 가시적으로 증명해야 하는 학원 측의 부담 작용

자연스럽게 영어에 노출되었으면 하는 부모의 바람과 달리, 실제 유아 대상 영어학원의 수업이 '학습식'으로 이루어지고 숙제, 스펠링 테스트 등까지 이루어지는 것은 무엇 때문일까. 전직 유아 대상 영어학원 교사들의 증언에 실마리가 있다.

전 S학원 교수부장은 2009년 영어사교육포럼 1차 토론회 발제문에서 "처음에는 그럴듯한 시설로 학부모를 끌어들일 수 있지만, 아이가 학원에 다니는 동안 특별한 효과를 보지 못하면 금방 다른 학원으로 옮겨갈 가능성을 언제나 갖고 있기 때문에 학원장들은 항상 불안할 수밖에 없다"고 증언했다.

그는 "이 때문에 학원 입장에서는 학부모에게 투자 효과, 즉 학습 효과를 확실하게 가시적으로 확인시켜야 하는 부담이 있다. 그 효과를 입증하는 가장 확실한 방법은 아이가 유창하게 영어로 말하는 것을 보여주는 것이겠지만, 실질적으로 가장 어려운 부분이기 때문에 그 차선책으로 영어책을 줄줄 읽어내리는 모습을 통해 효과를 보여주려 하게 된다"고 회상했다.

이어 "그렇다고 자연스러운 노출을 통해 단기간에 아이가 문자를 해득하기는 어디 쉽겠는가? 그러다보니 6살짜리 아이에게 단어 암기, 쓰기 숙제, 스펠링 시험까지 등장하게 되는 것이다"고 꼬집었다.

2017-01-18 〈쿠키뉴스〉 中, 이다니엘 기자

　기사에 따르면, 결국은 학부모의 기대를 충족하고 이를 당장 눈앞에 보여주기 위해서는 학습식으로 영어를 가르칠 수밖에 없다는 것이다. 요즘 학부모 대부분은 아이가 영어에 자연스럽게 노출되고 스스로 흥미를 느껴 즐겁게 배우기를 원한다. 하지만 학원 운영을 해야 하는 입장에서는 학원에 다닌 효과를 빨리 보여주어야 한다는 압박감을 갖고 있다. 그래서 어린아이에게조차 지나친 학습 부담을 안겨주는 것이다.

내 아이에 대해 가장 잘 아는 사람은 바로 엄마다

이처럼 어린 나이에 과도한 학습 부담을 받으면 어떻게 될까? 물론 학원에 잘 적응하는 아이라면 괜찮겠지만 그렇지 않을 때가 문제다. 상담을 하다보니 아이가 학원에 다니다가 단어시험 스트레스 때문에 틱 장애가 생겨서 결국은 학원을 그만둔 경우도 있었다. 언론에 보도된 것처럼, 강남의 한 영어유치원에서 집단으로 틱 장애가 발생했다는 이야기가 먼 나라의 이야기가 아니다.

맞벌이 등 어쩔 수 없이 아이를 학원에 보내는 경우가 많다. 그렇다면 내 아이에게 잘 맞는 좋은 학원을 찾는 것이 우선이다. 앞서 말한대로, 내 아이가 학원에서 잘 적응하고 있는지, 재미있게 제대로 배우고 있는지 관심을 가지고 지켜보는 것이 중요하다. 내 아이에 대해서 가장 잘 아는 사람은 옆집 돼지엄마도 아니고 학원 선생님도 아닌, 바로 엄마기 때문이다.

영어 자립, '아이표영어'로
가기 위해 꼭 기억해야 할 것들

"저도 엄마표영어가 좋다는 건 알지만, 제가 영어를 못하는데 내 아이를 어떻게 가르치겠어요."

제일 많이 듣는 말이다. 하지만 엄마표영어는 엄마가 선생님 역할을 하라는 것이 아니다. 엄마는 가르치는 사람이 아니라 조력자, 옆에서 같이 뛰어주는 페이스메이커, 영어 환경을 만들어주는 사람이다. 아이가 잘하고 있는지 밀착 관찰하고, 기다려주고, 필요할 때는 손잡고 끌어주는 사람이다.

나 또한 동빈이와 아빠표영어를 하면서, 학생 가르치듯이 수업을 해본 적이 없다. 다만 영어에 관심을 가질 수 있게 다양한 영어 경험에 노출시켜주려고 노력했다. 꼼꼼한 성격이 아니어서 '엄마표 영어책'에 나오는 것처럼 계획적으로 해주지도 못했다. 말 그대로 얼렁뚱땅 아빠표영어를 했다. 이렇게 나만의 아빠표영어 방식으로 진행하였고 영어 경험이 쌓이면서 조금씩 결과가 나타나기 시작했다.

관심과 의지만 있으면 누구나 엄마표영어를 할 수 있다. 부모의 영어 실력과는 상관이 없다. 아빠가 미국인 원어민 선생님이지만 6세까지 영어를 전혀 못하던 아이, 엄마가 대학교 영어강사지만 영어를 힘들어하는 아이도 만났다. 엄마가 영어강사인 아이의 경우, 안타깝게도 엄마표영어로 큰 효과를 보지 못했다. 엄마가 아이 영어에 일일이 간섭을 하다 보니 부담을 느낀 아이가 아예 영어를 거부해버렸다. 오히려 영어를 '너무' 잘하는 부모가 문제가 된 사례다. 엄마아빠의 영어 실력보다 중요한 부분은, 아이에게 관심을 가지고, 영어 환경을 만들어주고, 격려와 코칭을 해주는 것이다.

그렇다면 어떻게 코칭을 해야 내 아이가 다양한 영어 경험을 쌓을 수 있을까? 의외로 어렵지 않다. 조금만 노력해도 양질의 영어 콘텐츠를 쉽게 접할 수 있다. 영어 그림책이나 리더스북은 꼭 구매할 필요 없이 동네 도서관에서 빌려봐도 된다. 예전에는 영어도서관에나 가야 볼 수 있던 책들이 요즘은 동네 작은 도서관에서도 쉽게 찾아볼 수 있다. 원하는 책이 없을 때는 다른 도서관의 책을 배달해주는 서비스를 이용하거나, 사서에게 주문해달라고 부탁하면 된다.

내 아이에게 맞는 방법으로

책만으로 부족하다고 느끼면, 온라인 영어도서관에서 적은 비용으로 수천 권의 책을 읽을 수 있다. 온라인 영어도서관에서는 전문 성우가 책을 읽어주기 때문에 집중 듣기의 효과를 얻을 수 있다. 처음 영어를 접하는 아이들에게 엄마가 영어책을 읽어줄 필요가 없을 정도다. 아이들이 좋아하는 《까이유》같은 책을 유튜브 영상으로도 함께 활용하면 좋다. 리더스북으로 유명한 ORT의 경우도 유튜브에서 해당 제목을 검색하면 다양한 음원을 들어볼 수 있다.

• 원어민의 ORT 낭독 영상

영어와 친해지기 위한 첫 시작이 꼭 책이 아니어도 좋다. 아이마다 취향과 성향이 다르기 마련이라 모두에게 다 똑같이 적용되는 학습법은 없다. 노래를 좋아하면 노부영노래 부르는 영어 동화이나 영어 동요를 들려주면 된다. 시각형의 아이라면 아이가 좋아하는 분야의 영화나 동영상을 보여주도록 하자.

동빈이의 경우 레고에 빠졌을 때, 영어로 된 레고 유튜브 영상을 수없이 봤다. 유튜브를 보면서 직접 따라 만들어보고, 또 부족한 영어지만 자기가 만든 레고를 설명하는 장면을 찍어서 유튜브에 올리기도 했다. 차에 빠졌을 때는 영국의 유명한 자동차 관련 프로그램인〈Top Gear〉를 수도 없이 봤다. 아이가 좋아하고 흥미를 보이는 것이 최고의 교재가 된다. 재미있어야 계속 하고 싶은 동기로 작용하기 때문이다.

다른 아이와 비교하지 않기

엄마표영어로 코칭을 할 때 주의해야 할 점이 있다. 운동선수 코치가 자꾸 다른 팀 선수와 자기를 비교하면 선수의 기분이 어떨까?

"옆집 찬욱이는 2학년인데 지금 챕터북을 읽는다더라. 그런데 너는 4학년이면서 아직도 리더스북에서 헤매고 있으니……. 어휴, 속상해."

다른 아이와 비교하지 않기! 꼭 명심해야 할 가장 중요한 사항이다. 카페 신규 회원들로부터 자주 듣는 이야기가 있다. "다른 아이들은 다 잘하는 것 같은데 우리 애만 못하는 것 같다"고. 그리고 "마음은 급한데 어떻게 시작해야 할지 몰라서 막막하다"고.

그런데 다른 아이와 비교하다보면, 자꾸 조급증이 생기고 스텝이 엉키게 마련이다. 물론 분명히 아이들마다 수준 차이가 있다. 그건 당연한 이야기다. 하지만 지금 잘하는 그 아이는 벌써 몇 년 전부터 매일 꾸준히 영어 노출과 경험을 쌓아왔을 것이다. 그 점은 간과한 채 당장 지금의 차이점만 가지고 이야기하면서 내 아이를 탓하는 것은 옳지 않다. 그리고 아이마다 학습 속도가 다름을 인정해야 한다. 영어뿐만 아니라 우리말도 빨리 배우는 아이가 있고 조금 늦은 아이가 있지 않은가?

물론 아이가 어느새 4학년, 5학년이 되었는데 쉬운 영어책 읽기도 힘들어 하면 부모의 마음은 급해지게 마련이다. 그렇다고 영어 잘한다고 소문난 옆집 아이를 그대로 따라한다고 해결될 일은 아니다. 영어는 소위 수학과 같은 위계 과목이다.

구구단을 모르면 방정식을 풀 수 없듯이 영어도 기초가 부족하면 다음 단계로 나아가기 어렵다. 많은 학부모가 어려운 교재로 공부하면 많이 배우니까 좋다고 생각한다. 큰 오해이고 착각이다. 초보자라면 무조건 쉬운 교재로 시작해야 한다.

아무리 급해도 내 아이의 시간표에 맞추는 지혜가 필요하다. 남과 비교할 필요 없다. 고등학생이든 대학생이든 심지어 성인도 마찬가지다. 기초가 부족하면 가장 쉬운 단계부터 시작해야 한다. '지금 시작해서 언제 쫓아가나' 싶은 마음도 들 것이다. 하지만 미루는 만큼 더 늦어진다. 늦은 것 같지만 오늘이 가장 빠른 날이다.

내 아이 말 들어주기

또 하나 꼭 기억할 사항은 '옆집 돼지엄마 경계령'이다.

"새로 생긴 △△학원 프로그램이 좋다던데, 한번 같이 상담 받아볼까?"

아이를 학원에 보내고 있으면서도 늘 '더 좋은 학원'에 대한 관심을 늦출 수 없다. 또한 책 읽기와 영상 보기로 열심히 엄마표영어를 진행 중인 엄마도 "아니, 그 집은 학원 왜 안 보내? 나중에 후회하려고" 이런 말 한 마디에 가끔씩 흔들린다. 사실 엄마표영어는 아직도 대다수가 가는 보편적인 길은 아니다.

분명한 점은, 내 아이를 가장 잘 알고 있는 사람은 학원 상담 선생님도 옆집 엄마도 아닌 바로 엄마라는 것이다. 옆집 엄마나 옆집 아이를 따라갈 필요가 전혀 없다. 오직 내 아이만 바라보고, 내 아이를 따라가자. 그러기 위해서는 자신과 아이에 대한 확고한 믿음이 있어야 한다. 바쁘고 힘들겠지만, 책이나 인터넷 등을 통해 아이에게 가장 잘 맞는 학습 방법을 찾아보기 바란다. 불안한 마음이 들 땐 엄마표영어를 먼저 시작한 선배들의 책을 읽어보기를 추천한다.

나 또한 이런 책들을 읽으며 흔들리는 마음에 다시 용기를 얻을 수 있었다. 그리고 아이에게 책 읽으라고 잔소리 백 번 하는 것보다 부모가 책 읽는 모습 한 번을 보여주는 게 효과적임을 기억해야 한다. 잠자리 들기 전에 10분이라도 온 가족이 책을 펴는 시간을 가지면 아이도 책 읽는 것을 당연히 여기게 될 것이다.

코치가 선수를 믿을 때 최고의 결과가 나오듯이, 엄마표영어도 내 아이를 믿고 옆에서 함께해줄 때 달콤한 선물로 다가올 것이다. 엄마가 '영알못영어를 알지 못하는 사람'이라도 엄마표영어로 분명히 성공할 수 있다. 아이에 대한 관심과 사랑, 이것이 엄마표영어의 시작이자 전부다.

아빠표영어,
나도 도전해볼까?

걱정마세요. 아직 안 늦었어요!

어쩌다 내 아이는
영어를 싫어하게 되었을까?

"참내, 영어가 뭔지……."

대한민국 사람이라면 한 번쯤은 영어 때문에 스트레스 받은 경험이 있을 것이다. 토종 한국인인 나도 물론 예외는 아니다. 영어 선생님이 "오늘 17일이지? 17번, 다음 문장 해석해봐" 하면, 18번이었던 나는 놀란 가슴을 쓸어내리며 안도의 한숨을 내쉬었다. 하지만 모의고사와 수능시험은 운만으로는 피해 갈 수 없었다. 《XX종합영어》,《OO기본영어》에 나오는 각종 문법 용어들과 우리말 해석을 봐도 무슨 말인지 도통 이해가 안 되었다. 영어는 가까이 하기엔 너무 먼 넘사벽넘을 수 없는 사차원의 벽이었다.

영어에 대한 인식이 바뀐 것은 대학생 시절 무작정 떠난 미국 어학연수 이후였다. 밤낮으로 아르바이트 해서 모은 돈으로 비행기 티켓을 사고 남은 것은 몇 달 치 생활비 정도였기에, 뉴욕에 도착하자마자 주말마다 레스토랑에서 웨이터로 일해야 했다.

"하…하우 두 아이… 게…겟 투… 더 스…스테이션?"

영어는 책으로만 공부했지 입으로는 별로 말해본 적이 없었기에, 뉴욕 탐방을 위해 길을 묻는 간단한 질문이라도 하려면 미리 수차례 연습을 해야했다. 그런데 신기하게도, 말을 하려고 반복해서 연습하자 영어가 친근해지기 시작했다. 대학교 부설 ESL 프로그램은 한국의 어학원처럼 큰 도움이 되지는 않았다. 대신 현지인들과 어울리면서 간단 하나마 영어로 의사소통을 시작하자 영어가 점점 재미있어졌다. 말을 좀 더 잘하고 싶어서 책을 읽고, TV 자막을 보면서 따라 읽었다. 그랬더니 그렇게도 이해가 안 되던 문법 내용도 신기하게도 이해가 되었다. 토익 성적은 덤이었다.

• 미국 어학연수 시절

그래도 아빠가 영어 선생인데……

결혼 후 뒤늦게 동빈이를 낳았다. 어렵게 얻은 귀한 아들이었다. 그런데 아이가 유치원에 다녀오면 늘 하던 말이 "아빠, 영어 싫어요. 재미없어요"였다. 아빠가 영어 교사인데 영어를 그렇게 싫어하게 될 줄은 몰랐다.

"그래? 왜 영어가 재미없을까? 우리 유치원 영어책 같이 볼까?"

아이가 가져온 교재를 보니 왜 재미없다고 하는지 이유를 알 수 있었다. 알파벳도 제대로 모르는 어린 아이한테 모 어학원에서 쓰는 어려운 리딩 교재를 그대로 가르치고 있었던 것이다.

"이거 무슨 내용인지 알아?"

"……."

abc도 헷갈려하고 더더욱 읽지도 못하는데 내용을 알 리 없었다. 유명 사립유치원이라서 믿고 맡겼는데, 완전 뒤통수 맞은 느낌이었다.

이건 아니다 싶어, 내가 수업해온 방식과 대학원에서 배운 영어 교육학 지식을 총동원해 다양한 시도를 해보았다. 하지만 이미 아이에게는 '영어는 재미없다'는 인식이 생겨서인지 별 소용이 없었다. 듣기가 중요할 것 같아 영어 방송을 틀어주면 끄거나 한국 방송으로 돌렸다. '원어민과 자연스럽게 영어를 배우면 좋지 않을까' 싶어 화상영어를 시켜봤지만 싫다고 도망가기 일쑤였다. 큰 맘 먹고 구입한 《Hello Readers》시리즈도 읽어주려고 하면 귀를 틀어막았다.

'어쩌다 아빠'가 되어 처음 아이를 키우면서 모르는 것 투성이였던 나는 영어도 어떻게 시작해야 할지 몰랐다.

많은 아이들을 상담하고 코칭하며, 이것이 우리 집만의 문제가 아님을 알 수 있었다. 처음부터 아이의 흥미, 수준과 상관없이 일방적으로 영어를 접한 아이들은 정도의 차이는 있지만 영어를 그리 좋아하지 않았다.

내가 만난 민철이도 그랬다. 축구를 좋아하는 개구쟁이 민철이는 영어에 대한 거부감이 심해서 학원에도 못 가고, 일대일 학습지 수업을 하고 있었다. 하지만 학습지 회사도 교재를 팔아야 이윤이 남는 구조라서 아이의 이해도와 상관없이 무조건 진도를 나갔다. 그러다보니 일대일 수업임에도 교재 내용이 아이 수준의 비해 높았다. 무슨 소리인지 이해되지 않는 용어가 재미있을 리 없었다. 민철이는 수업 시간에 딴짓을 하기 일쑤였고, 중간에 담당 선생님들도 계속 바뀌었다. 마침내 학습지 회사의 팀장조차 못 가르치겠다고 포기했다.

처음 민철이를 만났을 때가 4학년이었는데 쉬운 문장조차 제대로 읽지 못했다. 영어 듣기에 거의 노출이 안 되었는지, 영어 발음과 억양도 많이 어색했다.

민철 엄마와 상담 후, 우선 아이가 좋아할 만한 영어 동영상과 온라인 영어도서관을 추천했다. 그리고 자기가 원하는 영상과 e-book을 골라 볼 수 있도록 했다. 쉬운 리딩 교재와 낮은 단계의 ORT 책을 읽어나가며 적어도 세 번씩은 반복해서 듣고 따라 하기, 낭독하고 녹음하기를 시켰다. 재미있게 수업을 하는 선생님과 화상영어도 시작했다.

그렇게 6개월쯤 지났을까. 민철이는 제일 재미있는 과목으로 영어를 손꼽았다. 2년이 지난 지금, 화상영어 선생님과 영어로 농담도 하고 제법 글밥이 빽빽한 영어책도 잘 읽는다.

영어를 싫어하는 아이, 누구의 잘못인가?

아이가 영어를 싫어한다면 그건 99.9% 아이 잘못이 아니다. 아이를 탓하기 전에 우선 학원 교재, 집에서 읽고 있는 책이나 학습지 등의 수준을 확인해보기 바란다. 소리 내어 읽을 수 있고, 내용 중 대략 70~80% 정도 이해한다면 문제없다. 낭독하기도 어려워하고 무슨 내용인지 알지도 못하는 교재로 공부하고 있다면, 아이가 영어를 싫어하는 것은 당연하다.

아이의 잘못도 아니지만, 그렇다고 엄마나 아빠의 잘못도 아니다. 모두 잘못된 영어 교육의 희생양이다. 선생님들조차도 제대로 된 영어 학습법으로 배워본 적이 없기에 예전 방식 그대로 아이에게 대물림할 수밖에 없는 것이다. 그렇다고 계속 잘못을 반복할 수는 없다.

지금 돌이켜보면, 동빈이가 영어가 재미없고 싫다고 했을 때 억지로 강요하지 않은 것은 정말 잘한 것 같다. 아내가 학원에 보내려고 했을 때 난 적극 반대했다. 당시 학원가에서는 미국 교과서로 수업을 하는 게 유행이었는데, 알파벳도 헷갈리는 아이에게 그런 곳에 보냈다가는 아이의 반응이 유치원에서 경험한 것과 크게 다르지 않을 것이라고 판단했기 때문이다.

　사교육 기관이 만든 프로그램이나 레벨에 아이를 억지로 끼워넣지 않아야 한다. 내 아이가 다른 아이보다 반 수준이 낮다고, 레벨업을 못 했다고 스스로를 자학하게 만들어서는 안 된다. 아이가 영어에 관심이 없다면, 오늘부터라도 아이에게 가장 맞는 학습 방법이 무엇인지 고민해보자. 분명히 아이가 좋아할 만한 내용이 있을 것이다. 좋아하는 책이나 영상을 아이 스스로 고를 수 있도록 하고, 꾸준히 즐길 수 있게 칭찬과 격려를 더해 준다면 아이는 얼마든지 잘할 수 있다.

공부보다 아이와의
관계가 더 중요하다

영어 학습을 거부하는 아들이 걱정되었지만, 당장은 그것보다 더 큰 문제가 있었다. 아기 때부터 잠을 재우기 힘들었던 동빈이는 커서도 자정 넘어서까지 잠을 안 자려고 했다. 평소 행동이 느리고 집중도 잘 못해서 스스로 옷 입기, 밥 먹기 등 기본적인 생활 습관도 제대로 안 되었다. 또 친구와 잘 어울리지 못해 놀이터에서 혼자 노는 날이 많았다. 유치원 발표회 날, 다른 아이들은 연습한대로 열심히 악기를 연주하는데, 동빈이만 멍하니 하늘을 쳐다보고 있었다. 충격이었다.

맞벌이를 하느라 육아는 할머니한테 의존할 수밖에 없었고, 아이가 방치되는 경우도 종종 있었다. 업무로 늘 바빴던 나는 아이와 많이 놀아주지 못했다. 그런데 어느 날부터인가 아이가 조금씩 이상한 행동을 보이기 시작했다. 같은 소리를 반복해서 내는 음성 틱이 생기더니 고개를 계속 뒤로 젖히는 등 여러 틱 증상이 복합적으로 나타났다. 아이의 상태가 갈수록 나빠지면서 우리 부부는 하루도 마음 편한 날이 없었다. 아이 문제로 아내와 다투는 날이 점점 많아졌고 부부의 문제는 아이한테 계속 나쁜 영향을 주었다.

교육 방향에 일관성이 있어야 한다

아내와 나는 아이 문제로 똑같이 걱정을 하면서도 해결 방법이나 육아 방향에 대해 의견이 많이 달랐다. 아내는 이런저런 책을 근거로, 어떤 날은 아이가 "조용한 ADHDattention deficit hyperactivity disorder, 주의력결핍 과잉행동장애같다"고 하고 또 어떤 날은 "아무래도 아스퍼거 증후군인 것 같다"고 했다.

난 서울의 답답하고 비좁은 아파트에서 마음껏 뛰어놀지도 못하는 아이가 안쓰러워서 자연에서 뛰어놀게 하는 것이 좋겠다고 했다. 반면 아내는 뇌파치료 등 의료기관의 힘이 필요하다고 믿었다. 지푸라기라도 잡는 심정으로 상담소 심리치료, 놀이치료, 승마치료, 뇌파치료 등 좋다는 것은 다 시도해보았다. 전문 상담소의 검사 결과 다행히 ADHD나 아스퍼거 증후군 같은 적극적인 치료가 필요한 상태는 아니었다. 다만 좌

뇌와 우뇌의 균형적인 발달을 위해 야외 활동이나 운동이 필요하다는 진단을 받았다.

그 후 나는 되도록 많은 시간을 아이와 함께했다. 그리고 매주 주말은 아이를 위해 주말농장에 가거나 캠핑을 갔다. 그러다 귀농한 친구의 소개로 부여의 한 시골집을 빌려 주말을 보낼 수 있게 되었다. 아내와 나의 부모님 모두 도시 분들이라 시골 고향집 같은 곳이 없던 나는 비록 남의 집이지만 시골집에 가는 게 좋았다. 아이와 앞마당에서 눈사람도 만들고, 꽁꽁 얼어붙은 논에서 썰매도 타고, 모닥불도 피우고, 밤하늘도 보면서 즐거운 시간을 보냈다.

시간이 지나면서 아이 얼굴에 조금씩 웃음꽃이 피기 시작했다. 하지만 학교에 가기 싫다고 울고 떼쓰는 것은 여전했다. 나중에 알고보니 몇몇 아이들한테 괴롭힘을 당하고 있었다. 6개월 넘게 괴롭힘을 당하면서도 말도 못하고 있었던 것이다. 나중에 알게 되었을 때는 머리 끝까지 화가 났고, 다른 한편으로는 일찍 눈치 채지 못한 것이 미안했다.

나는 불량 아빠였다

한번은 아이가 좋아하는 연날리기를 하고 있는데 그만 연줄이 다 풀려 하늘 높이 날아가고 말았다. 그러자 동빈이는 울기 시작했다. 난 "그까짓

연이 뭐라고 눈물까지 보이느냐"고 버럭 소리를 질렀다. 그 말이 더 서러 웠는지 아이는 한 시간도 넘게 목놓아 울었다. 아무리 달래도 소용없었다.

한숨 돌리고 곰곰이 생각해보니, 동빈이의 마음이 이해되었다. 자기가 아끼던 연을 잃어버려서 속상하던 참에 아빠마저 자기 마음을 몰라주고 소리를 지르니 얼마나 속상했을까 싶었다. 사실 난 평소 조용한 성격인 데, 가끔 욱할 때는 무섭게 화를 냈다. 심지어 어린 동빈이한테도 그런 적이 많았다. 훈육한다고 아이를 밀치거나 방안에 혼자 두고 벌을 준 적 도 있고, 공공장소에서 시끄럽게 군다고 필요 이상으로 목소리를 높여 서 아이를 무안하게 했던 적도 있다.

서럽게 우는 동빈이를 보고 있자니 거칠고 부주의했던 나의 행동 하나 하나가 떠올랐다. 아이 입장에서 생각하지 못하고 늘 내 잣대로 아이를 재단한 것이 너무 미안했다. 아이를 끌어안고, "그동안 마음을 헤아리지 못해서 미안하다"고 진심어린 사과를 했다.

학부모와 상담하다보면, 다들 아이에 대한 욕심이 많다는 걸 느낄 수 있다. 그래서 아이를 더 다그치고 닦달하는 것 같다. 엄마들은 영어 단어 스펠링 시험에서 아이가 100점 맞길 바란다. 하지만 아이는 아무리 해도 외워지지 않는 단어를 하루에 20개씩 외우는 게 너무 힘들다. 숙제도 열 심히 하는데, 글씨가 엉망이라고 엄마는 혼만 낸다.

물론 엄마는 아이가 잘 되기를 바라는 마음에서 그러는 것이다. 하지만 아이에게는 엄마 아빠에게 사랑받으면서 좋은 관계를 유지하는 것이 더 중요하다. '어쩌다 부모'가 되다보니 좋은 부모가 되는 방법을 배우지 못했다. 그래서 내 아이들을 나도 모르는 사이에 힘들게 그리고 병들게 만든다.

다행히 엄마표영어에 관심이 있는 엄마들은 다른 엄마들보다 아이를 더 존중하는 것 같다. 상담을 받은 어떤 학부모의 카톡 닉네임이 "존중육아"였는데, 인상적이었다. 그 닉네임 하나에서 아이를 대하는 엄마의 태도가 어떨지 짐작이 갔다.

더 나은 부모가 되기 위한 노력

아이와 함께 시간을 보내면서 양육에 대한 나의 관점과 태도가 완전히 바뀌었다. 육아 책과 블로그 글 등을 보면서 '더 나은 부모'가 되는 법을 배웠다. 가능하면 아이와 함께 시간을 많이 보내고 시골에 자주 다니면서 자연에서 실컷 뛰어놀게 해주었다. 그러다 오래된 시골집이 싸게 나왔다기에 아예 집을 장만했다.

• 동빈이가 저수지에서 처음 잡은 물고기

장시간 운전하는 것이 힘들었지만, 시골집에 도착하면 맡을 수 있는 상쾌한 공기와 편안함 때문에 거의 주말마다 아이와 내려갔다. 부여에 있는 시골집은 산골 중에 산골이라, 주먹만한 장수풍뎅이와 반딧불이가 살고 있었다. 근처에 있는 큰 저수지에서 낚시를 배워, 난생 처음 살아있는 지렁이를 손수 낚싯바늘에 끼우고

• 시골길 자전거 여행

난 원래 지렁이를 못 만졌다 아이가 잡은 물고기를 직접 손질해서 구워주었다. 그리고 오프로드 자동차를 좋아하는 동빈이를 위해 중고로 4륜 구동 자동차를 구입했는데 하필 수동식 기어라서 땀을 뻘뻘 흘리며 연습해야 했다. 아이를 위해 아빠는 슈퍼맨이 되어갔다.

• 자연과 함께한 동빈이 어린 시절

자연 속에서 즐거운 시간을 보내는 동안 아이의 몸과 마음이 점점 더 건강해졌다. '학교에 안 가겠다고 울면서 떼쓰던 아이가 맞나' 싶을 정도로 밝아져서, 2학년 때는 친한 친구도 많이 생기고 학급 회장을 하기도

했다.

남들에겐 평범한 일상이 그 누군가에겐 간절한 소망일 수 있다. '단 한 번이라도 친구를 집으로 데려오면 정말 부러울 것이 없겠다' 싶었는데, 고학년이 되면서는 너무 자주 친구들을 데려오는 바람에 주말이 은근히 피곤할 정도가 되었다. 정말 감사한 일이다.

이 세상에 변하지 않는 것은 없다. 마찬가지로, 아이들은 계속 성장하고 변화한다. 지금 아이 문제로 걱정하고 있다 해도 1년 뒤, 6개월 뒤, 한 달 뒤에는 어떻게 달라져 있을지 아무도 모른다. 한 가지 확실한 것은, 부모가 사랑과 관심을 갖고 근본적인 문제 해결을 위해 노력한다면 반드시 긍정적인 결과가 뒤따른다는 사실이다.

• 아빠와 함께 즐거운 농구시합

조금 늦더라도
제대로 된 방법으로 시작하라

동빈이가 정서적으로도 안정되고 학교 생활도 재미있게 하자 영어 공부에 관심을 가질 수 있게 되었다. 어느 날 차를 타고 나들이를 가는데, 옆으로 멋진 차 한 대가 지나갔다. 영어로 인풋 좀 줘야겠다 싶어 그 차를 가리키며 큰소리로 말했다.

"Look at the car저 차 좀 봐!"

그랬더니 동빈이가 갸우뚱하며 물었다.

"아빠 로켓 카요? 로켓 카가 어디에 있어요?"

'Look at'을 몰라서 '로켓'으로 알아들은 것이다. 그 상황이 순간 웃기기도 하고 한편으론 난감하기도 했다. 유치원생들이 읽는 책에도 "Look at ~"이라는 표현이 나오는데, 초등 3학년이 다 되어가는 아들의 영어 수준이 말 그대로 백짓장 같았다.

'어떡하지? 어떤 방법으로 영어를 시작해야 할까?'

사람 욕심이, 아이가 건강해지니까 이제는 영어 수준이 걱정되기 시작한 것이다. 요즘에는 영어 교육을 시작하는 나이가 정말 빠르다. 아이가 뱃속에 있을 때 영어 태교를 하는 사람도 있고 영어 과외, 방문 수업, 영어 유치원 등 유아 때부터 영어를 시작하는 경우가 많다. 엄마들 사이에서 영어 조기 교육 열풍은 대단하다.

엄실모 카페에는 다섯 살짜리가 200권이 넘는 책을 읽었다는 분도 있고, 예닐곱 살 아이들이 뛰어난 영어 말하기 실력을 보여주기도 한다. 이렇다보니 초등학생 엄마들의 걱정이 크다. '내 아이만 너무 늦은 거 아니냐'고 속상해한다. 하지만 '살면서 오늘이 가장 빠른 날'이라는 말을 기억하기 바란다. 내 아이가 커서도 만족스런 영어 실력을 가지기 위해서는 '얼마나 일찍 시작했냐'가 아니라, '얼마나 오래 꾸준히 하느냐'가 중요하기 때문이다. 나 또한 20대가 돼서야 영어를 본격적으로 공부하기 시작했기에 자신 있게 말할 수 있다.

영어 소리에 익숙해지기

동빈이와 아빠표영어를 하면서 느낀 게, 듣기의 중요성이다. 동빈이가 'Look at the car'를 '로켓 카'로 알아들은 것도 영어 듣기에 익숙하지 않았기 때문이다. 그래서 우선은 영어 소리에 계속 노출시키기 위해 노력했다. 밥 먹을 때는 기본이고 차 타고 이동 중일 때나 블록, 레고를 가지고 놀 때도 흘려듣기를 했다.

그런데 손가락을 짚어가면서 하는 집중듣기는 생각처럼 쉽지 않았다. 무슨 말인지도 모르는 영어 소리를 영어 글씨와 매치시켜나가는 학습 방법이 내 아이에게는 맞지 않았다. 아이가 흥미를 가질 만한 것이 없나 고민하다가, 그마나 노래를 좋아하기에 노부영 CD를 계속 틀어놓았고, 차에서 함께 영어 동요를 신나게 따라 불렀다. 이렇게 나는 아빠표영어를 시작했다.

그때가 초등학교 2학년이 끝나갈 때 쯤이었다. '영어를 시작하기에 늦은거 아니냐'는 다른 사람들의 걱정과 달리, 시간이 지나서 되돌아보니 전혀 늦은 게 아니었다. 1년, 2년 꾸준히 한 결과 어릴 때부터 영어학원을 계속 다녔던 동네 친구들보다 오히려 더 우수한 영어 실력을 갖추게 되었다. 서점에 엄마표영어 관련 책들이 많이 나와 있는데, 거기서 제시한 방법을 그대로 내 아이에게 강요한 게 아니라, 내 아이에게 잘 맞는 방법을 찾아 꾸준히 진행한 것이 좋은 결과로 이어질 수 있었다.

아이들은 다 다르다. 내 아이를 자세히 관찰해서 아이의 관심과 흥미를 찾아주는 것이 제일 중요하다. 좀 늦더라도 제대로 된 방법, 내 아이에게 최적화된 영어 경험을 쌓게 해주면 오히려 그게 더 빠른 길이다.

살면서 오늘이 가장 빠른 날

중학생 희원이도 영어라면 고개를 젓던 아이였는데, 엄마표영어 공부 방식으로 큰 효과를 본 경우다. 학원에는 적응을 잘 못하던 아이가 중학교 2학년 때부터 엄마표영어로 '리틀팍스', '리딩오션스' 같은 온라인 영어도서관을 이용하면서 쉬운 단계의 원서를 읽기 시작했다. 그리고 1년 만에 내신 점수가 상위권으로 껑충 뛰어올랐다.

내가 코칭을 했던 서준이는 중학교 때 강남으로 이사를 갔는데, 배치고사 결과 최하위 반인 D반이 되었다. 서준이를 처음 봤을 때 영어도 영어지만, 낯선 동네라 아는 친구도 없는 데다 외모 콤플렉스도 있어서 자존감이 많이 떨어져 있었다. 다행히 서준이는 책 읽기를 무척 좋아했고, 장래 희망이 인권 변호사가 되는 것이었다.

초등학생이든 중학생이든 영어는 듣기와 말하기가 가장 중요하다. 그래서 온라인 영어도서관 이용하기, 유튜브 보기, 쉬운 원서 읽기와 말하기 연습을 했다. 그러면서 교과서 암기와 함께 문제집 풀이 등을 철저히 시켰다. 자존감 회복을 위해서 학교 성적이 중요했기 때문이다. 그 결과 6개월 만에 D반에서 A반으로 올라갔다.

물론 본인의 노력이 가장 컸다. 서준이는 목표의식이 뚜렷했던 터라, 누가 시키지 않아도 스스로 새벽까지 공부하는 날이 많았다. 열심히 수업을 듣고, 영어를 재미있는 스토리로 공부하면서 흥미와 자신감이 생겼다. 낭독하고 카페에도 인증하면서 꾸준히 연습하더니, 말하기 수행평가에서도 좋은 점수를 받을 수 있었다. 마침내 중학교 3학년 말, 경쟁률이 세서 들어가기 힘든 자율형 사립고에 합격했다면서 감사 인사를 전해왔다.

고등학생 때 시작해서 성공한 사례도 수없이 많다.

"살면서 오늘이 가장 빠른 날"이라는 말을 자신 있게 할 수 있는 이유다.

재미는 가장 큰
동기부여

영어 스토리의 힘

You can lead a horse to water but you can't make him drink 당신이 말을 물가로 끌고 갈 수는 있어도, 말이 물을 먹게 만들 수는 없다.

학습 동기에 대해서 말할 때 자주 인용하는 영어 속담이다. '아이에게 학습 환경 또는 기회를 줄 수는 있어도 강제로 공부를 시킬 수는 없다'는 뜻으로 풀이된다. 학원에 다니든, 아니면 엄마표영어로 진행을 하든, 공부의 주체는 학원 선생님도 엄마도 아닌 바로 아이 자신이기 때문이다.

말이 물을 마시는 것은 갈증을 느낄 때다. 자발적인 욕구가 있어야 한다. 아이들도 마찬가지다. 공부에 대한 욕구가 생겨야 비로소 책을 펼친다.

출발은 '외재적 동기' 로, 결국은 '내재적 동기' 로

공부에 대한 욕구는 다른 말로 하면 '동기' 라고 할 수 있다. 교육심리학에서는 동기를 외재적 동기와 내재적 동기로 나누어본다. 외재적 동기란 칭찬, 물질적 보상, 성적 등과 같이 외부적 요인에 의한 동기 유발을 뜻하고, 내재적 동기란 자기만족, 흥미, 도전 정신과 같이 내적이고 개인적 요인에 의한 동기 유발을 말한다.

유치원생이나 초등학교 저학년의 경우 칭찬 스티커 등 외재적 동기를 활용하는 것도 큰 도움이 된다. 영어책 100권을 다 읽으면 작은 보상을 약속하는 것도 책 읽기 습관 형성에 좋은 방법이다. 하지만 외재적 동기에는 한계가 있다. 처음엔 책 한 권에 사탕 하나만으로 충분했던 물질적 보상이 점점 커져서, 나중엔 몇 만 원짜리 장난감에도 아이가 꿈쩍도 안 할 수 있기 때문이다. 경제적 부담도 부담이지만, 외재적 동기만으로는 아이가 진정한 배움의 기쁨을 느끼기 어렵게 된다.

그렇다면 내재적 동기는 어떻게 만들 수 있을까?

"공부 열심히 해야 해. 네 인생이 달려 있어. 요즘 사회가 얼마나 힘든 줄 아니?" 하는 반 협박성 훈계나 "아빠, 엄마 때는 말이야……" 로 시작하는 '라떼형' 설교는 아이들에게 공감을 얻지 못한다. 내재적 동기를 만드는 첫 번째 요인은 바로 '재미' 다. 재미와 흥미를 느끼면 아이들은 하지 말라고 해도 한다. 바로 게임이 그렇다 어른도 그렇지 않은가? 어른도 재미를 느껴야 하면서, 아이들에게만 근엄한 이유를 대가며 재미없는 공부를 억지로 하라고 하는 건 불공평하다. 같은 영어책이라도 아이가 재미있어 하는 책을 읽게 하고, 깔깔대며 볼 수 있는 영어 동영상을 찾아주자.

두 번째 요인은 '자율성' 이다. 자율성이 동기를 부여한다는 것은 심리학, 교육심리학에서 이미 널리 알려진 사실이며 실제 교육 현장에서 많이 쓰이고 있다. 예를 들어, 온라인 영어도서관에서 책을 읽을 때도 꼭 1단계부터 차례대로 읽을 필요는 없다. 아이에게 선택권을 주는 것이 아이가 더 즐겁게 읽을 확률이 높다.

마찬가지로, 시리즈로 된 '리더스북' 이나 '챕터북' 같은 영어 책을 읽을 때도 무조건 1권부터 읽도록 하지 말고 아이에게 선택권을 주도록 하자. 아이가 읽고 싶어하는 책부터 읽게 하자. 아무것도 아닌 것 같지만, 이것이 나중에 큰 결과를 만들 수도 있다. 아이에게 선택권을 준다는 것은 아이의 의견을 존중하는 행위다. 이에 아이는 자신의 선택에 책임감을 느끼고, 자기가 선택한 내용이 어떨지 지적 호기심도 갖게 된다.

물론 아이에게 무조건 다 맡기는 것보다는 엄마나 아빠와 적절하게 의견을 교환하는 것이 좋다. 그러다가 아이가 더 커서 내재적 동기도 더 분명해지면, 스스로 결정할 수 있는 권한을 늘려주면 된다. 아이에게 자율성을 줄 때는 약간의 스킬도 필요하다. 예를 들어, 아이가 원하는 책이나 영상을 보여줄 때, 인심 쓰듯이 "네가 원하니까 보여줄게" 하면서 허락한다면 아이는 보상을 받은 기분이 되어 내용에 더 집중하게 된다.

외국어에 익숙해지기 위해서는 3천 시간이 필요하다

동기 부여는 학습을 위해 꼭 필요하지만, 절대적인 노출 시간도 무시할 수 없다. 언어학자들은 외국어에 익숙해지기 위해 필요한 시간을 최소 2천~3천 시간이라고 말한다. 그런데 영어를 거부하던 동빈이를 위해 간신히 시작한 동요 듣기만으로는 턱없이 시간이 부족했다. 《Hello Readers》시리즈 등 리더스북도 샀지만 큰 효과를 보지 못했다. 읽어주려고 할 때마다 도망가서, 늘 책 읽기가 아닌 술래잡기가 되어버렸다. 동네에 새로 생긴 영어도서관에도 데려갔지만 큰 관심을 보이지 않았다.

그러다가 검색을 통해서 우연히 《리틀팍스》를 알게 되었다. 리틀팍스 동화라면 동빈이가 재미있어 할 것 같다는 느낌이 왔다. 빙고!! 다행히 컴퓨터를 좋아하는 동빈이는 단번에 리틀팍스의 매력에 빠져들었다.

온라인 영어도서관을 표방하는 리틀팍스는 한 달에 영어동화책 두 권 값으로 3,500여 편의 많은 영어 동화를 컴퓨터, 아이패드, 스마트폰 등을 통해 애니메이션, e-book, MP3로 이용할 수 있다. 디즈니 등 애니메이션은 프레임도 너무 빠르고 표현들이 영어 학습용으로는 너무 어려웠다. 그런데 리틀팍스는 너무 현란하지 않은 화면에 〈손오공〉, 〈하이디〉, 〈빨강머리 앤〉, 〈톰 소여의 모험〉 등 친근한 고전과 〈라켓걸〉, 〈몬스터 아카데미〉 등 아이들이 좋아할 만한 소재의 재미있는 창작 애니메이션들로 이루어져 있어서 마음에 들었다. 〈플란더스의 개〉는 어찌나 감동적으로 만들어졌는지, 내가 봐도 눈물이 날 정도였다.

파닉스도 잘 모르는 상태에서, 동빈이는 리틀팍스 스토리에 빠져 많은 시간을 집중해서 들었다. 일단 이야기가 재미있으니까 실랑이할 것도 없이 나는 그저 컴퓨터를 켜주기만 하면 되었다. 리틀팍스는 1단계에서 9단계까지의 스토리가 있는데, 레벨에 관계없이 그냥 보고 싶은 스토리를 보도록 했다. 앞서 이야기했던 것처럼 자율성을 주었던 것이다. 동빈이는 〈라켓걸〉, 〈보물섬〉, 〈로빈슨 가족 이야기〉, 〈허클베리 핀의 모험〉 등 모험 이야기를 좋아했다.

〈보물섬〉에 나오는 해적의 노래를 외워서 신나게 따라 부르고, 이야기 전개가 궁금하면 한글 해석을 찾아서 읽었다. 한번 보기 시작하면 계속 보려고 해서 오히려 시간을 제한해야 했다. 보여줄 때마다 큰 인심 쓰듯이 연출하는 것도 잊지 않으면서.

리틀팍스라고 하면 흔히 애니메이션을 떠올리는데, 프린터블 북 기능과 e-book 기능도 있어 책으로도 얼마든지 활용가능하다. 나도 〈Wacky Ricky〉와 〈Dr. Dolittle〉같은 스토리는 프린트하여 책으로 만들어서 함께 읽었다.

뭐니 뭐니 해도 리틀팍스의 가장 큰 장점은 page by page 기능이다. 이 기능을 활용해서 한 문

• 리틀팍스에서 출력하여 만든 종이책

장씩 듣고 따라 읽기를 할 수 있다. 모든 스토리에 이렇게 한 문장씩 무한 반복할 수 있는 기능이 있어서 듣기, 듣고 따라 말하기 연습에 활용하면 큰 도움이 된다.

동빈이에게 한 문장씩 들려주면서 마치 게임처럼 했는데, 나중에는 듣고 따라 말하는 것이 습관으로 정착되었다. 책으로는 불가능했던 집중 듣기뿐만 아니라 엄마표영어 학습법에서 말하는 소위 '정따정확하게 따라 하기'와 '연따연속해서 따라 하기'도 저절로 가능하게 된 것이다.

파닉스는 규칙 암기보다는
노출로 자연스럽게

"아이가 지금 다섯 살인데, 파닉스 시작해도 될까요?"

언제부터인가 파닉스가 영어를 배우는 첫 단계로 받아들여지게 된 듯하다. 물론 파닉스 규칙을 배우면 글 읽기가 가능해지고 아이의 자신감 향상에 도움이 된다. 그런데 기억해야 될 것은 파닉스는 원래 영어를 모국어로 사용하는 아이들을 위해 만들어졌다는 점이다.

영어라는 언어를 이미 소리로 충분히 익힌 원어민 아이들이 소리와 글자와의 관계를 파닉스라는 규칙으로 정리해나가는 과정이 파닉스 학습의 원래 목적이다. 그렇기에 영어의 소리에 제대로 노출이 안 된 아이들에게 파닉스를 규칙 암기로 접근하면 득보다 실이 더 많다. 예를 들어, 'bake' 라는 소리와 뜻에 익숙하지도 않은데 /a/ 가 장모음인지 단모음인지를 설명한다면 아이는 '영어는 어렵고 복잡한 것' 이라는 생각을 갖게 될 것이다.

다시 말하지만, 파닉스 학습이 필요 없다는 뜻은 아니다. 다만 파닉스를 통해 '읽는 법' 을 배우는 것이지 '소리' 를 배우는 것이 아니라는 것이다. 그래서 먼저 bake라는 소리 자체에 익숙해질 필요가 있다.

'규칙' 이 아닌, '소리' 로서 영어에 익숙해지기

흔히들 파닉스 규칙을 완전히 익힌 뒤 책 읽기를 시도해야 한다고 생각하는데, 그것은 학습지 회사나 학원에서 만든 환상이다. 파닉스 규칙으로 읽을 수 있는 영단어가 50~60%도 채 안 되기 때문이다. 'g' 를 'ㄱ' 사운드로만 배웠던 아이는 danger를 '단거' 로 읽을 수밖에 없다. 영어는 우리나라처럼 표음문자가 아니라서 다르게 발음되는 경우가 많다. 그러므로 거의 모든 단어를 소리로 먼저 학습하고 자주 접함으로써 자연스럽게 익혀야 한다. 특히 she나 the 등의 사이트 워드sight words들은 파닉스 규칙에서 완전히 벗어나 있기 때문에, 영어 듣기와 읽기에 많이 노출되면서 자연스럽게 익히는 수밖에 없다.

그러면 어떻게 규칙이 아닌 소리로서 영어에 익숙해질 수 있을까? 아이 수준에 맞는 쉬운 영어 동영상과 영어책이 답이다. 영어가 모국어인

나라에서 살지 않는 이상 최고의 방법이다. 영어 영상과 영어책을 계속 접하다보면 위에 bake라는 단어를 수십 번 만나게 된다. 그러면서 자연스럽게 아이의 머릿속에 체화된다. 그런 다음에야 소리와 문자의 관계, 즉 파닉스 규칙을 쉽게 이해할 수 있다.

• 알파블록스

그리고 파닉스를 재미있는 영상으로 배울 수 있는 유튜브 채널을 함께 활용하면 좋다. 검색을 하면 많은 동영상을 만날 수 있는데, 그중에서 '알파블록스'를 추천한다. 귀여운 알파벳 캐릭터들이 등장하는 것으로, 파닉스뿐만 아니라 대화체 영어에도 익숙해질 수 있다.

요즘에는 스마트폰에서도 무료로 이용할 수 있는 파닉스 학습 앱들이 많다. 그중에서 ABC Kids와 ABC Spelling 앱이 재미있고 쉽게 사용할 수 있기에 추천한다.

• ABC kids

• ABC Spelling

'즐겨 듣기' 는 아이가 좋아하는 것으로

《영어책 읽기의 힘》의 저자 고광윤 교수는 기존 엄마표영어에서 사용하는 '흘려 듣기' 와 '집중 듣기' 라는 말 대신에 '즐겨 듣기' 라는 용어를 제안했다. '즐겨 듣기' 란 '즐겨 보고 즐겨 듣기' 의 준말이다. 즉 눈으로 보면서 듣는 것을 즐기는 것인데, 문자나 단어가 아닌 책 속의 그림이나 애니메이션 속의 영상을 보면서 듣기를 즐기는 것이다. 파닉스를 배우기 전에 꼭 필요한 과정으로 우선 내용을 보고 즐기면서 소리에 익숙해지는 것이 핵심이다. 동빈이도 처음에는 영상을 통해 영어와 친해진 경우이기에 '즐겨 듣기' 란 말에 동의한다.

동빈이는 주로 레고, 자동차 등 좋아하는 유튜브 동영상과 온라인 영어도서관을 통해서 영어 소리에 익숙해졌다. 소리에 익숙해지다보니, 조금씩 글을 읽고 싶어했다. 그래서 파닉스 학습에 대해 알아보다가, 교재보다는 '라즈 키즈' 에서 제공하는 온라인 파닉스 학습 프로그램을 선택했다. 원어민 아이들을 위해서 만든 프로그램인데, 가격도 착하고 재미있는 스토리와 게임 형식이어서 동빈이가 매우 좋아했다. 다음 스텝으로 나가려면 계속해서 큰소리로 파닉스 음가를 따라 말해야하기 때문에 정확한 발음을 배울 수 있는 것도 큰 장점이었다.

파닉스 규칙을 배우면서 리틀팍스 스토리로 집중듣기와 따라 하기, 프린터블북 낭독하기, 그리고 옥스퍼드 리딩트리ORT 책을 함께 읽어나갔다. 그랬더니 발음도 좋아질 뿐 아니라 조금씩 혼자서 읽을 수 있는 글자도 많아지기 시작했다. 동빈이와 더불어 나도 공부한다는 생각으로 리틀팍스도 같이 보고 ORT등 책도 같이 읽으려고 노력했다. 그리고 책에서 나온 표현 몇 개는 함께 외우면서 일상생활에서 써보려고 애썼다. 우리가 영어를 배우는 이유는 외국 사람과 영어로 의사소통하기 위해서라는 것을 늘 강조하면서. 그랬더니 처음에는 영어로 말을 걸면 거부감을 보이던 동빈이가 차츰 영어로 대화나는 것에 익숙해졌다. 영어가 이상한 외계인어라고 생각했던 동빈이에게 커다란 변화와 발전이었다.

리틀팍스 외에도 여러 가지 온라인 도서관을 이용해봤는데, 동빈이의 리틀팍스 사랑은 대단했다. 어느 날은 시키지도 않았는데 며칠 동안 뭔가를 쓰더니, 리틀팍스 우수 활용 수기 공모전에 응모를 했다는 것이다. 운 좋게도 동빈이는 그 공모전에서 수상을 했다. 이후 리틀팍스에서 제공하는 영어 글쓰기 코너에 영어 창작동화 등을 올리면서, 나름 팬도 생겨났다.

책 읽기가 중요하다고 해서 억지로 파닉스 규칙을 외게 하고, 책으로만 영어 노출을 하려 했다면 아마 동빈이는 지금처럼 영어를 좋아하지 않을 것이다. 물론 책만으로도 충분히 영어를 좋아하고 잘하는 아이들도 있겠지만, 영상과 소리로 된 인풋을 좋아하는 아이들도 많다. 아이의 성향을 잘 파악해서 몰입의 경험을 할 수 있게 도와주는 것이 영어 학습 성공의 비결이다.

《영어책 읽기의 힘》에서 저자는, 책에만 편중되어 있는 집중 듣기의 한계에 대해서 언급했다. 책 속의 영어 단어를 손가락으로 짚어가면서 집중해서 듣는 방법은 다수의 보통 아이들에게는 힘든 인내가 필요하다는 것이다. 동빈이도 그랬기에 공감이 갔다. 물론 책만으로 집중 듣기를 잘하고 좋아하는 아이도 분명히 있다. 엄실모 카페에도 책으로 집중 듣기 하면서 꾸준히 책 레벨을 높여가는 아이들이 많다. 집중 듣기로 어려운 챕터북을 척척 읽어내는 아이들을 보면 너무 기특하고 대단하다.

결국 정답은 '내 아이' 다. 아이가 좋아하는 방법으로 하면 된다. 재미있으면 자주 보고 듣게 되고, 영어라는 언어에 자연스럽게 익숙해지게 된다. 파닉스도 자연스럽게 해결된다.

어떤 방식이든 영어에 익숙해지면 그 다음은 훨씬 쉽다. 시키지 않아도 더 잘하고 싶어져서 스스로 책도 더 읽고, 영화도 반복해서 본다. 동빈이도 처음에는 책은 뒷전이고 영상에만 주로 관심을 가졌는데, 영어라는 언어에 익숙해지면서 점차 종이책도 재미있게 읽게 되었다. 지금은 두꺼운 《해리포터》 책도 재미있게 읽고 있다.

■ 동빈이가 쓴 리틀팍스 활용수기 2016년 12월 우수활용수기에 선정됨

안녕하세요. 오늘은 또 다시 이렇게 뵙게 되었는데요, 제발 이 글을 자세히 읽어주시면 감사하겠습니다. 활용 수기는 이런 글을 써서 사람들에게 도움을 주는 데입니다. 제발 분량만 보고 따지지 말아주세요.

저는 원래 영어는 이상한 외계인어, 쓸데없는 말인 줄 알았고 '예스' 와 '노' 나 '헬로우' 같은 단어 몇 개만 알았습니다. 원어민과 대화를 한다는 건 꿈도 못 꿨었죠. 근데 저는 2016년 초부터 리틀팍스에 관심을 가지게 되었고 본격적으로 하기 시작했습니다. 결과는 생각보다 좋았습니다. 제가 그때 즈음 필리핀으로 여행을 가게 되었는데 거기의 뷔페에서 어떤 웨이터 분이 내가 쏟은 음식을 주워주자 저는 "Thank you" 라고 말을 건넬 수 있었습니다.

혹시 그 정도면 아주 쉬울 거라 생각하셨나요? 아닙니다. 사실은 아예 한국어로 말하기도 조금(?) 부끄러워집니다. 그러나 저는 이제 리틀팍스 덕분에 오히려 항상 영어로 말하는 게 편해졌습니다. 영어로 그렇게 말하는 게 부끄럽지도 않습니다. 항상 무언가가 한글로 돼 있으면 영어로 생각합니다. 그리고 영화를 볼 때도 그렇습니다. 자랑 아닙니다.

그것은 왜냐하면 리틀팍스를 계속 하다보면 자연스럽게 영어가 완성되기 때문입니다. 어떤 한국어 자막도 없기 때문에 계속 그것이 무슨 뜻인지 계속 생각하게 되고 그러다보면 점점 영어를 터득할 수 있게 됩니다. 저는 Wacky Ricky를 처음에 볼 때는 뜻도 몰랐습니다. 그러나 조금 더 Wacky Ricky를 더 보고, 'Nice to meet you!' 'Did you eat breakfast?' 같은 표현을 알고 보니 정말 거의 30%쯤 더 이해했습니다. 그러니 처음에는 몰라도 곧 자연스럽게, 계속 머릿속에 단어, 표현법이 남아 있는 것이죠.

그.런.데!!!!!!!!!! 단어만 계속 알아둔다? 그것은 그냥 '아무것도 하지 말고 단어만 외우고 문장은 알아서 해라' 그 말입니다.

어쨌든 단어만 외워두면 지식만 쌓이지, 그것을 몸 밖으로 뿜지(?) 못하고 결국은 외국인과 말을 하는 것은 그림의 떡이 되는 겁니다. 제가 항상 강조하는 것이 있는데, 돈 좀 써서 학원을 다니든지, 리틀팍스를 하든지, 모든 사람이 영어를 배우는 이유는 바로 이 글로벌 사회에서 영어는 배우지 않으면 안 되기 때문입니다. 그리고 그러기 위해선 외국인들이 사용하는 표현, 문장 등을 알아야 하고 그러기 위해선 리틀팍스가 필요한 것입니다.

그런데 갑자기 문법이 생각나시나요? 문법은 잠시 한 군데에다 갖다놓아도 됩니다. 문법을 먼저 생각해보려 하면 계속 머릿속으로 머리가 터지도록 생각하게 되고 그러다보면 자기 의사를 표현하는 것이 지연되지요. 외국인은 답답하게 느낄 것이고 물론 자기도 그렇겠죠. 그러나 문장, 표현법, 단어 등이 다 만나 문법을 이루는 것이므로 그냥 문법, 단어 등을 배우시면 됩니다. 그리고 리틀팍스는 그 방법을 썼습니다. 게다가 리틀팍스는 단어를 배울 때도 발음을 정확히 알려주고, 단어의 스펠링도 알기 쉽게 알려줍니다. 이제 제가 조금 정리를 해보겠습니다. 거기다가 지금까지 말 안 한 것 등도 쓰겠습니다.

▶영어로 생각해야 합니다.
네. 제가 아까 말했듯이 영어는 배워놓기만 하고 표현할 줄 모르면 아무 의미도 없습니다. 동화를 보실 때 지금까지 배우신 적 있는 단어, 문장 표현법 등을 생각해보고 무슨 뜻인지 최대한 생각해보셔야 합니다.

▶문법은 나중에
문법은 사실 제가 항상 강조하듯이 모든 표현, 문장 등에 숨어 있습니다. 그것을 억지로 찾으려고 하면 자기가 무엇을 하려 했는지 안 생각하게 됩니다. 사실 외국인은 문법이나 문장이 틀려도 발음, 억양을 중요하게 여깁니다.

예를 들면, 우리나라에서 배운 Do you want to go to watch a new movie?를 미국에선 사실 그냥, Hey, wanna go watch a new movie?로 많이 줄여서 말할 수 있습니다.

▶그냥 배우세요.

계속 외국인이 쓰는 표현 등이 이상하다고 반대하면 외국인과 얘기를 할 수 없게 됩니다.

예를 들면, 저희 아빠한테 들은 내용인데, 어떤 한국인이 미국에서 벌금 딱지를 물게 되었습니다. 그런데 영어로 "Please, give me a break 한 번만 봐주세요"라고 하면 될 것을, "Please, look at me once"라고 해버린 것입니다. 정말 애매한 상황이지요?그냥 외국인이 쓰는 표현 그대로 배우시면 됩니다. 그러나 어떻게 해도 되냐고 물어보는 것은 나쁜 것이 아닙니다.

▶단어만 배우면 표현을 할 수 없게 됩니다.

혹시 단어를 많이 알고 계시나요? 그렇다면 그 단어들을 가지고 어떻게 표현을 잘 하시나요? 아마 이런 사람도 있고 저런 사람도 있을 겁니다.

그러나 제가 말하려고 한 것은 단어만 배우지 말고 같이 문장도 배워야 한다는 것입니다. 단어를 많이 알아도 문장을 모르면 표현을 할 수 없습니다. 그러나 저는 단어든 표현이든 다 치우치지 않게 하는 것이 좋은 것 같습니다.

▶동화를 보고 공부할 때는 듣기→말하기→쓰기 순으로 생각하는 것이 좋습니다.

동화를 볼 때, 지금까지 배운 적 있는 표현을 다 생각해보면서 자세히 그 표현이 있는지 귀 기울여 들으세요. 그리고 그것이 무슨 뜻인지 생각해보세요. 그리고 동화가 끝나면 Vocabulary단어장에 들어가 자기가 몰랐던 표현, 단어들을 클릭해서 듣고, 말해보세요. 만약 너무 까먹을 것 같은 표현, 단어들은 체크를 하고 단어장에 저장해주시면 됩니다.

그리고 Page by Page로 자기가 듣지 못했던 표현 등을 확인하고 한번 따라 해보세요. 문장을 다 따라 하면 더 좋습니다. 그 다음, Quiz로 다시 복습을 한 다음, Cross Word Puzzle로 쓰기|Writing을 마치시면, 에피소드 하나를 마스터한 겁니다.

그런데 Star Words 말이시죠? 음…… 그것은 외웠던 단어를 복습해보는 것이고 영어로 생각하는 속도를 키워준다 생각합니다.

▶집중해서 들으세요.

만약 흘려들으시면 리틀팍스 동화는 그냥 만화를 보는 것과 똑같게 됩니다. Movie를 볼 때도 귀 기울여 들으셔야 합니다.

▶꾸준히 하셔야 합니다.

항상 학습은 '가끔씩 많이' 가 아니라 '맨날 조금씩' 해야 합니다. 그래야지 단어, 문장, 표현법 등이 머릿속에 잘 들어옵니다.

그럼, 전 이제 그만 물러나겠습니다.

스토리로 내 아이 말하기
실력도 쑥쑥

"아빠, 오늘은 역할극을 해서 카페에 올려요."

"오케이, 그럼 오늘 라켓걸 역할은 누가 할까?"

"가위바위보로 정해요."

"좋아! 자, Rock, scissors, paper!"

그날 재미있게 본 스토리 중 하나를 이용해서 함께 미니 역할극을 준비하는 모습이다. 언어 습득의 기본은 반복이기에 한 번 봤던 영상을 듣기, 말하기 연습용으로 다시 사용했다. 우선 재미있게 스토리를 본 뒤 틈만 나면 MP3로 흘려 듣기를 했다. 좋아하는 스토리를 수십 번 넘게 반복해서 듣다보니, 나중에는 외워져서 저절로 듣고 따라 하게 되었다. 카페인증을 위해 가끔씩 스토리의 주인공이 되어서 역할극 놀이도 했다. 재미를 배가시키기 위해, 가위바위보로 원하는 주인공 역할을 정했다. 동

영상을 플레이하고 자막을 읽으니, 읽기와 함께 훌륭한 말하기 연습이

되었다. 스마트폰의 QR코드 앱을 이용하면, 위의 롤플레잉 말하기 연습 과정을 볼 수 있다. 역할극 외에 아

• 아빠와 함께 롤플레잉 연습

이와 했었던 스토리를 이용한 말하기 연습 방법을 간단히 정리해보았다. 1년 만에 영어 말문이 트이게 해준 아주 효과적인 방법들이었다. 모든 내용을 다 실천하기 힘들 경우, 우선 아이의 상황에 맞게 가능한 것만 사용하길 바란다.

스토리를 이용한 말하기 연습

1) 자신이 원하는 스토리를 골라서 재미있게 읽거나 보기

2) 한 문장씩 듣고 또는 들으면서 따라 하기영상, 세이펜, CD 등 활용

3) 스토리 내용을 큰소리로 낭독하고 녹음하기주의 : 너무 길지 않게

4) 녹음한 내용 들으면서 칭찬해주기자신의 SNS나 온라인 카페에 업로드하면 아이의 성장 기록 및 훌륭한 포트폴리오가 된다.

5) 주요 표현을 노트에 적어, 한글만 보고 영어로 말해보기동시통역 노트 만들기

6) 스토리를 생각나는 대로 서머리 해보기

7) 틈날 때마다 흘려 듣기로 복습하기

낭독하기, 한영 스위칭 연습, 스토리 서머리, 동시통역 훈련 등 말하기 연습 방법을 4장에서 좀 더 구체적으로 설명해놓았다. 내 아이 영어 말문 틔우기에 관심이 있는 분들에게 큰 도움이 될거라 믿는다. 보다 자세한 정보와 실제로 다른 아이들이 어떻게 하고 있는지 알고 싶다면 네이버카페 '엄마표영어실천모임'에서 확인할 수 있다.

2017년 4월, 네이버에 엄마표영어에 관심 있는 사람들과 함께하고자 '엄마표영어실천모임엄실모' 카페를 개설하였다. 엄마표영어의 취지에 동의하지만 실천하기 힘든 사람들을 돕고 싶었기때문이다.

엄실모는 아이가 좋아하는 책과 영상, 온라인 영어도서관으로 영어 경험을 꾸준히 쌓아가는 것을 목표로 한다. 그러면서 영어 말문을 틔우기 위해 듣고 따라 하기, 낭독하기 모습 등을 스마트폰에 담아 카페에 인증하는 방식으로 진행하고 있다. 다독 습관 형성을 위해 영어책과 한글책 100권 읽기, 1천 권 읽기에 도전하는 코너도 있고, 도전에 성공한 아이들을 위한 명예의 전당도 마련되어 있다.

현재 100여 명의 아이들이 100권 읽기에 도전해 성공했고, 7천 권 이상 읽은 친구들도 있다. 엄마, 아빠를 위한 스터디 모임도 활성화되어 있다. 비록 온라인이지만, 서로 응원하고 격려하면서 육아에 대한 진솔한 이야기를 나누는 따뜻한 공간이기도 하다.

말하기가 되어야
진짜 영어다

Why learn a language if you aren't going to speak it? 말하지 않을 거라면 언어를 왜 배우나?

어느 온라인 기반 영어 말하기 프로그램을 제공하는 회사의 모토다. 이 말에 절실히 공감한다. 매일 문법 공부와 암호 해독식 번역 연습으로만 영어 공부를 했다면, 그건 마치 수영 이론만 열심히 배우고 수영장에서 직접 수영해보지 않은 것과 마찬가지다. 그래서 난 동빈이에게 틈날 때마다 "영어를 공부하는 이유는 외국인과 자유롭게 의사소통하기 위해서야"라고 자주 말해주었다. 나는 동빈이가 영어 말하기에서 꼭 자유롭게 되도록 해주고 싶었다.

영어에 발목 잡히지 않으려면 '말하기'도 필수

영어 말하기를 중요하게 생각하는 것은 내 경험과도 관련이 있다. 회사에 근무하던 시절, 유창한 영어회화능력의 중요성을 몸으로 뼈저리게 느꼈기 때문이다.

내가 속한 부서는 해외영업부였기 때문에 바이어와 메일을 주고받기 위해서는 영어가 필수였다. 메일이야 다시 고치고, 잘 모르면 사전을 찾아볼 수 있지만 말하기는 달랐다. 전화 상담은 늘 스트레스였다. 물론 어느 정도의 의사소통은 가능했으나 원활한 비즈니스 상담을 위해서는 더 수준 높은 영어 말하기 실력이 필요했다. 대부분의 동료 직원들도 영어 말하기 때문에 적잖은 부담을 느끼고 있었다. 나처럼 학교에서 영어를 전공했거나 어학연수를 다녀왔어도 영어회화는 늘 높은 장벽이었다. 어린 시절을 영어권에서 보내 원어민 수준으로 유창한 영어회화가 가능했던 한 직원은 늘 부러움의 대상이었다.

이때의 경험으로 회사를 그만두고 영어 교육을 전공하기 위해 대학원에 갔을 때, 영어 말하기를 잘하기 위해 갖은 노력을 했다. 아이들 앞에서 부끄러운 교사가 되고 싶지 않아서였다.

내 경험 외에 주위 사람들의 영어 수난기(?)도 많다. 회사에 다닐 때 본사 공장에 근무 중인 연구개발팀장이 있었는데, 아이들 교육 때문에 미국 지사에 가고 싶어했다. 그런데 영어가 안 되어서 번번이 기회를 놓쳤다. 박사 출신으로 S대 암 연구센터에서 근무하던 지인 K도 그랬다. 대우가 훨씬 좋은 미국 대학 연구실로 가려고 노력했으나 번번이 실패했다. 일류대에 갈 정도로 시험은 잘 봤지만, 정작 회화가 되지 않은 바람에 사전 전화 인터뷰에서 탈락했기 때문이다. K에 따르면, 인도나 파키스탄 등 영어로 의사소통이 가능한 사람을 미국 대학 측에서 선호한다고 했다.

IT 계통도 비슷한 상황이다. 요즘 코딩 교육이 열풍인데 정작 프로그래머 등 코딩 분야에 종사하는 사람들은 달갑지 않은 모양이다. 대기업으로부터 일감을 하청, 재하청 받는 구조로 되어 있어서 실제로 프로그래밍을 담당하는 사람은 대우를 제대로 못 받고 있다고 한다. 반면, 신문 기사를 보니 미국의 코더는 높은 연봉을 받는 데도 늘 일손이 부족하다고 한다.

"영어에 자신 있다면 얼마든지 해외 취업을 노려볼 만한데, 영어가 늘 발목을 붙잡는다"고 프로그래머인 지인은 한숨을 쉬었다.

그래서 아들 영어는 말하기에 중점을 두었다. 원어민이 아니기에 영어로 말할 수 있는 환경을 완벽하게 만들어줄 수는 없지만, 간단한 것부터 가급적 영어로 대화를 나누려고 노력했다.

"Hey James, would you like some water?"

"네?"

물론 처음엔 대답은커녕 무슨 말인지 알아듣지도 못하고, 영어로 말을 걸면 짜증을 내거나 도망가기 일쑤였다. 그런데 인풋과 아웃풋 연습을 꾸준히 하면서 조금씩 관심을 갖고 한두 마디씩 대답하기 시작하더니, 언제부터인가 오히려 나에게 먼저 영어로 말을 걸어오기도 했다.

'영어울렁증'이라는 말이 등장할 정도로 사람들마다 영어에 대한 부담감을 갖고 있다. 그래서 영어 말하기에 대해 강조를 하면 "그래, 나 영어 못한다. 못하는 걸 어떡하라고! 잘났어, 정말" 하면서 빈정 상할 수도 있다. 하지만 아이의 교육과 미래에 관심이 있는 사람이라면, "나는 못하지만 내 아이는 잘해야 할 텐데……" 라고 생각할 것이다. 엄마표영어를 할 때 중요한 것은 부모가 영어를 잘하느냐 못하느냐가 아니다. 영어를 어떻게 바라보고 접근하느냐가 중요하다. 특히 영어를 단순히 '시험과목'으로 보느냐, '외국인과 의사소통하기 위한 도구'로 보느냐는 천지차이다. 의사소통 수단으로 보고 부모가 먼저 영어로 아이에게 말을 걸어줄 때, 아이의 영어에 대한 생각도 달라지게 된다. 아이들은 부모의 모습을 보고 그대로 배우기 마련이다. 틀려도 자신감 있게 영어를 사용하는 모습을 보여주면 아이들도 그렇게 할 것이다.

부모의 영어 실력과 상관이 없다

사실 나 또한 성인이 되어 영어 말하기를 배운 경우라 늘 부족함을 느낀다. 그래서 영어를 가르치면서도 늘 영어를 배우는 입장이다. 처음엔 완벽하지 않은 영어 때문에 주눅 들기도 했다. 그런데 영미권에서 유학을 하거나 이민을 가서 오랜 기간 살아도 다 비슷한 심정이라는 것을 알게 되었다. 심지어 한국에서 원어민 교사로 근무 중인 남아프리카공화국 출신의 백인 친구조차도 모르는 영어 표현이 너무 많다고 고백한 적이 있다.

비록 영어를 사용하고 있더라도, 원어민이 아닌 사람들의 마음은 '오십 보 백 보'인 듯하다. 그런데 우리 사회가 유독 영어에 대해 높은 기준을 제시하는 경향이 있다. 한국에 살면서 모든 사람이 다 영어를 완벽하게 말해야 할까? 영어는 우리의 모국어가 아니므로 완벽할 수도 없고, 또 완벽할 필요도 없다.

그러니 '내 발음이 어떨까? 이상하게 들리면 어떡하지?' 하는 생각은 내려놓아도 좋다. 중·고등학교 시절 배운 영어 단어와 약간의 문법 지식만 있어도, 사랑하는 내 아이에게 하루에 영어 문장 몇 개 정도는 충분히 사용할 수 있다. 문제는 지금까지 영어를 시험공부로만 했기 때문에 입으로 꺼내는 것에 대한 부담감이다. 따라서 이제라도 필요한 것은 입 밖으로 소리 내어 연습하는 것이다.

《엄마표영어 17년 보고서》의 저자 새벽달(남수진) 님도 원래는 영어를 한마디도 못하는 평범한 주부였다고 한다. 그런데 아이와 영어로 대화해주고 싶어서, 뒤늦게 영어 공부를 시작했다. 육아와 집안일, 직장을 다니면서도 영어 동화책을 소리 내어 읽어주고, 사용하고 싶은 영어 표현을 적어서 출퇴근 시간에 우리말만 보고 영어로 바꿔 말해보는 연습을 치열하게 했다. 그 결과 영어 말문이 트여서, 나중엔 좋은 조건의 외국계 회사에서 일하게 되었다고 한다. 아이 영어도 도와주고 부모의 영어 자신감도 높이고. 이것이 엄마표영어의 힘이 아닌가 싶다.

• 영어동화 구연대회에서 학교대표로 입상

아들 동빈이도 영어를 잘하게 되면서 많은 변화가 생겼다. 처음엔 'Hello' 밖에 못하던 아이가 영어 말하기에 자신감을 가지면서 학교생활도 더 즐겁게 하게 되었다. 원어민 선생님한테 칭찬도 많이 받고, 학교

대표로 선발되어 관내 영어동화 구연대회에서 수상까지 하게 되었다. 그리고 대학로에 있는 한 극단에서 영어 뮤지컬을 공연하기도 했다.

 "아빠 영어 싫어요, 재미없어요" 하던 아이가 지금은 영어가 너무 재미 있다고 한다. 솔직히 아빠표영어를 진행하면서 '이게 정말 될까?' 싶은 적도 많았다. 그래서 가끔 학원의 상담을 받아보기도 하면서 '다른 아이 들처럼 학습 위주로 시켜볼까' 하는 마음이 든 적도 있었다. 그런데 지금 영어를 신나게 즐기는 동빈이를 보면, 학습이 아닌 자연스런 언어 습득 방식을 선택한 것은 옳았다.

꼬마 영포자가 영어 원서를 읽고, 영어 소설을 쓰게 된 비결

리틀팍스 홈페이지에는 영어 글쓰기 코너가 있다. 아이들이 영어로 쓴 글을 자유롭게 올리는 곳이다. 이 코너 덕분에 동빈이는 영어 글쓰기를 본격적으로 시작하게 되었다. 재미있는 글은 추천을 받는데, 일정 수 이상의 추천을 받으면 베스트 글로 선정되기 때문에 매일매일 글을 올렸다. 직접 써서 올린 영어 소설 덕분에 제법 팬도 생겼다.

재미있으면, 하지 말라고 해도 한다

영어로 글 쓰는 것이 학교나 학원의 숙제였다면 아마 그렇게 열심히 하지 않았을 것이다. 자기가 좋아하는 내용을 형식의 제한 없이 마음대로 쓸 수 있고, 비록 온라인 공간이지만 또래 친구들과 마음껏 소통하는 재미가 있었기에 몰입한 듯하다. 요즘엔 아쉽게도 댓글 다는 기능은 없어진 것으로 알고 있다. 대신 요즘에는 엄실모 카페에 글을 올린다.

The Plunger Man #3

Written By James Dongbin

"We're here, Plunger Man." Beeped Plungebot.
"A-ha! Yes, we are here. This is just the spooky, rusty building I've been to when I was ten."
When he looked at the Storage Room, there were several guards at front gate.
"Plungebot, Is there any sniper mode in this Super-Plunger 2020?" Asked Plunger Man.
"There is. But it doesn't really Kill anyone, you know. It just knock's 'em out." Beeped Plungerbot.
"Good. I'm a hero, but I don't really like bloods."
"That's the true hero, Plunger Man!" Said Plungebot.
"All right, so now it's time to play~~" Plunger Man cried as he hid under a bush.
"Play is for kids, you know." Joked Plungebot.
"Well, I'm still a kid in my mind." Plunger Man joked back.
"Ha-ha!" Then, he aimed at one guard and fired the gun. The guard seemed to be dancing like a squid for a moment, then he fell to the ground.
"Nice Shot!" Beeped Plungebot. "But you'd better move on quickly, because now those guards know where you are, and they're holding AK-47 rifles.
"I'm on it!" Said Plunger Man as he ran to nearby rock and ducked under it. "I just hope this rock is firm enough to block those bullets. If it isn't, I-"
Before he could finish, hundreds of bullets flew toward him, and one of them penetrated through the rock and went past Plunger Man's nose. "Uh oh, It's not safe here! We're doomed!"
"Nah, Just use Blackhole mode." Said Plungebot, not looking nervous at all.

• 동빈이가 쓴 창작영어소설

5학년 때는〈Plunger Man〉이라는 슈퍼히어로에 대한 소설을 썼다. 평범한 배관공이 악당들을 상대로 지구를 지킨다는 내용이다.

카페에서 '천 권 읽기' 도전을 하면서, 영어책 읽기도 열심히 했다. 사실 책 읽기를 습관으로 만들기까지, 과정이 쉽지 않았다. 오디오로 들으면서 손으로 짚어가는 집중듣기는 진작에 실패했기 때문에 엄두도 못 냈다. 대신 〈Horrid Henry〉, 〈Fantastic Mr. Fox〉등 재미있는 오디오북을 흘려듣기로 먼저 들으며 궁금증을 유발한 뒤 묵독으로 책을 읽도록 했다. 〈Wimpy Kid〉같은 소설은 영화를 먼저 보게 해서 흥미를 유발하고 스토리의 흐름을 어느 정도 이해한 다음 책을 읽도록 했다.

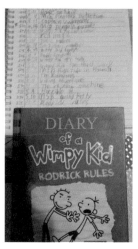 

어느 방송에서, "책을 싫어하는 아이는 없다. 다만 첫사랑 같은 책을 아직 만나지 못했기 때문이다. 그러므로 첫사랑 같은 책을 만날 수 있도록 도와주라"

• 동빈이의 영어책 1,000권 읽기 도전 인증

는 이야기를 들었다.

그래서 동빈이가 좋아할 만한 책을 찾기 위해 고민하다가, 엄마표영어를 오래한 분께 여쭤봐서 추천 받은 책이 《Captain Underpants》였다. 이 책 덕분에 동빈이가 처음으로 책 읽기에 빠지는 경험을 할 수 있었다.

• 로알드달 시리즈

《Captain Underpants》는 열 권짜리 전집인데, 깔깔거리며 여러 번 반복해서 읽었다. 그 이후로 책 읽기와 조금 더 친해진 것 같다. 처음엔 내용이 코믹한 책에만 관심을 보이더니, 나중에는 《Because of Winn Dixxie》, 《Stone Fox》 등 감동적인 스토리도 재미있게 읽었다.

지금은 뉴베리 수상작부터 로알드 달 시리즈를 거쳐 《해리포터》, 《City of Ember》 등 훨씬 더 수준 높은 책들도 어려움 없이 읽고 있다.

영어 말하기 연습을 위해 어릴때부터 화상 영어 수업을 시키고 있다. 수업 교재가 있지만 주로 아이가 관심을 갖는 분야에 대해 프리토킹 위주로 한다. 아이가 즐거워야 화상 수업도 더 효과가 있다고 생각하기 때문이다. 컴퓨터와 온라인 게임에 관심이 많았던 5학년 경 아예 온라인 게임으로 프리토킹 식의 수업을 부탁을 드린 적도 있다. 처음엔 게임에만 빠지는 게 아닐까 걱정스럽기도 했다. 하지만 기우였다. 좋아하는 주제라 그런지 신나서 더 유창하게 말하는 것을 보고는 잘했다 싶었다.

동빈이는 자기가 좋아하는 '로블록스' 라는 게임을 선생님한테 소개하고 화면을 공유해서 팀 게임을 하며 화상수업을 하기도 했다. 가끔씩은 로블록스 게임 과정을 영어로 녹화해서 유튜브에 올리기도 했다. 그리고 게임 관련 유명 외국 유튜브 방송을 시청하며 다른 외국인과 댓글로 소통하기도 했다.

한때는 영포자였던 아이가 원서를 읽고, 영어로 소설을 쓰고, 외국인과 유창한 회화까지 가능하게 된 이유는, 영어를 배울 때 최대한 재미를 느끼게 해주었기 때문이다. 아이에게 영어 공부를 위해 뼈를 깎는 인내를 요구할 필요는 없다. 아이들은 재미있으면 하지 말라고 해도 한다. 아이가 원하는 모든 것을 들어줄 수는 없겠지만, 영어책이나 영상을 고를 때 가급적 아이들에게 선택권을 주는 것이 중요하다. 그래야 더 관심과 흥미를 갖기 때문이다. 지금 책을 거부하는 아이들도 분명히 바뀔 수 있다. 책을 너무나 싫어한다는 6학년 여자아이가 BTS 책을 사서 열심히 읽는 것을 보면서 "책을 싫어하는 아이는 없다. 다만 첫사랑 같은 책을 아직 만나지 못했기 때문이다."는 말을 실감했다.

■ 아빠표영어 팁

♡ 동빈이가 아빠와 실천하고 있는 '아빠표영어'가 궁금해요! 2019년 카페에 올린 글

1. 매일 영어 원서 읽고 제목을 노트에 기록하기1천 권, 2천 권 읽기에 도전
2. 매일 온라인 영어도서관 리틀팍스 하기
3. 매일 화상 영어 하기
4. 매일 짬짬이 흘려 듣기식사시간 등
5. 매일 낭독 / 셰도잉 / 스토리 서머리 녹음 후 엄실모 카페에 인증하기

♡ 아빠표영어를 하면서 좋았던 점 2019년 카페에 올린 글

1. 학원을 안 다니니 다른 친구들보다 자유 시간이 많아서, 방과 후 친구들과 실컷 놀 수 있었습니다. 그리고 방과 후 학교에서 농구, 탁구, 배드민턴 등 다양한 체육 활동을 할 수 있었습니다. 제가 생각할 때 요즘 아이들의 문제점은 밖에서 뛰어노는 시간이 너무 부족하다는 것입니다. '학원 아니면 게임'이 요즘 아이들의 일상이 되어버린 것 같습니다. 밖에서 뛰어놀면서 다양한 사회성도 형성되고 체력도 키울 수 있는데, 요즘 어린이 놀이터에는 초등학생만 되도 벌써 학원에 가기 때문에 아이들 보기가 힘듭니다.

2. 학교 수업을 지루해하지 않고 재미있어 합니다. 심지어 제가 보기엔 너무 과하다 싶은 숙제영어 단어 10번씩 쓰기, 숙제 안할 경우 2배가 됨도 재미있게 하더군요.

3. 인풋 위주의 학원 수업 대신 집에서 매일 큰소리로 낭독하기, 한영 스위칭 연습

등 아웃풋말하기 연습도 충분히 하면서, 영어 말문이 트였습니다.

4. 경제적으로 도움이 많이 되었습니다. 요즘 학원비 만만치 않습니다.

5. 아빠 영어 공부에도 많은 도움이 되었습니다. 동화책 읽어주고, 함께 스토리 낭독하고, 녹음하면서 저절로 영어 공부가 되었습니다. 어린이용 생활동화는 너무도 좋은 생활영어 교재입니다. 그림으로 상황과 맥락이 잘 나타나 있어서 이해하기도 쉽고 장기기억화에 많은 도움이 됩니다. 무엇보다 재미있고 쉬워서 부담 없이 접근할 수 있습니다.

6. 재미있는 스토리를 보며 웃고, 함께 역할극 해서 카페에도 올리면서 즐거운 추억을 많이 만들 수 있었습니다. 아이가 커가는 것 보면 정말 깜짝 놀랄 때가 많습니다. 동빈이도 돌 지난 게 엊그제 같은데, 지금은 벌써 초등 5학년이 되었네요. 어떻게 보면 영어 공부는 덤이었고, 동빈이와 함께 만들어나간 즐거운 추억들이 아빠표영어를 하면서 얻은 가장 큰 수확이 아닌가 싶습니다. 지금 아이와 함께 한 장 한 장 읽어나가는 영어 그림책이 5년, 10년 뒤에는 아이와 함께했던 행복한 추억을 선사하게 될 것입니다.

영어에서 자유로워지면
꿈의 크기도 커진다

원하든 원하지 않든, 영어가 우리 삶에 주는 영향력을 실감하게 될 때가 종종 있다. 얼마 전 잊고 지냈던 옛날 제자 H에게서 카톡이 왔다. 폴란드에 주재원으로 나가 있었는데, 이번에 국내 대기업인 XX전자로 스카우트되었다는 것이다. 그러면서 감사의 말을 전해왔다. H는 내가 대학원에 다닐 때 아르바이트로 과외를 해준 학생이었다. 사실 내가 해준 것이라고는 영어 공부 방법, 특히 영어 말하기를 왜 열심히 해야 되는지 등에 대한 조언이었을 뿐이었다. 거기에 한 가지 더 덧붙인다면, 영어가 시험과목인 것과 별개로 아주 재미있는 언어라는 인식을 갖게 해준 점이다.

H는 원래 부산에서 살다가 집안 사정이 안 좋아져서 서울로 오게 되었다. 처음 만났을 당시, 집안 분위기도 그렇고 친구들과 떨어져 낯선 환

경에 적응하기가 쉽지 않은 탓에 공부에 흥미를 잃은 상태였다. 그래서 과외를 할 때 실제 공부보다는 아이의 마음을 달래주는 이야기를 많이 해주었다. 서울 시내를 한 번도 구경하지 못했다기에, 종로에 있는 교보문고에 데려가서 영어책도 한 권 사주었다. 수업은 일명 '찍찍이어학기의 일종'를 가지고 듣기와 셰도잉 중심으로 하면서 말하기에 집중했다. 다행히 영어를 언어로, 의사소통의 수단으로 가르치는 방식이 H군과 잘 맞은 듯했다.

한동안 못 보다가 대학교 입학 후 연락이 왔다. 당시 용산에 있던 미군 기지로 초대한다는 것이었다. 영어 말하기 연습을 위해 미군기지에 있는 교회의 성가대로 활동하면서 방문증을 발급받았는데, 제일 먼저 나를 초대하고 싶다고 했다. 알고 보니, 영어 말하기 연습을 위해 성가대 활동이 끝난 뒤에도 미군기지에 머무르면서 미국인들과 어울렸다고 한다.

그런 노력 덕분이었을까, 일류 대학 출신도 아니고 해외유학 경험이 없음에도 불구하고 중견 기업의 해외 주재원으로 당당히 합격했다. 당시 경쟁했던 지원자들은 대부분 해외 유학파 출신이었다고 한다. H는 회사에서 제공한 최고의 대우를 누리면서 폴란드 주재원 생활을 하였다. 그러다가 최근에 대기업으로부터 스카우트를 받았다는 것이다.

영어 자신감이 아이의 꿈을 키운다

집에서 아빠표로 영어 말하기 연습을 하면서 자신감이 생긴 동빈이도 그만큼 꿈이 커져가고 있다. 초등 5학년 때부터는 서울 대학로에 있는 〈극단 서울〉이라는 어린이 영어 뮤지컬 극단에서 단원으로 활동하고 있다.

• 2020년 영어뮤지컬 정기 공연

6개월에 한 번씩 정기 공연을 하는데, 어린이 공연치고 수준이 높다. 정단원들은 미국 등 외국 무대에서도 정식 공연을 할 정도다. 노래와 대사 모두 더빙이 아닌 즉석에서 이루어지고 음악 및 안무 등 모두 순수 창작물이다. 작품 내용도 국악음악을 배경으로, '바보 온달' 처럼 한국적인 것을 비롯해서 《빨강머리 앤》, 《말괄량이 길들이기》 같은 서양 고전 등 다양한 스펙트럼의 작품들을 선보이고 있다.

동빈이의 첫 공연을 보던 날은 정말 감격스러웠다. 공연도 공연이지만, 옛날 힘들었던 기억이 떠올라서였다. 유치원 발표회 때, 다른 아이들은 공연에 열중인데 동빈이만 멍하니 하늘을 쳐다보고 있어서 충격을 받았던 때를 생각하니 눈물이 날 정도로 감사했다.

• 영어뮤지컬 공연

　사실 뮤지컬 공연은 쉽지 않은 연습 과정이 필요했다. 매주 토요일마다 참석해서 연습하고, 공연을 앞두고는 합숙도 해야 했다. 집에서 극단까지 거의 1시간 30분이 넘는 거리지만, 재미를 느낀 탓인지 불평 한 마디 없이 콧노래를 부르며 연습에 참석했다. 동빈이뿐만 아니라 단원으로 참석하고 있는 아이들 모두 비슷한 반응이라고 한다.

　입시 경쟁이 치열하기로 소문난 학교에 다니는 아이들이, 심지어 고3인데도 불구하고 뮤지컬을 계속하는 경우도 있다고 한다. 뮤지컬을 시작하면서 오히려 입시 성적이 좋아진 경우도 많아 부모들도 놀란다고 한다. 하긴 춤, 노래, 연기 등 종합예술을 배우며 마음껏 자기 끼를 발산할 수 있는 기회가 우리 공교육에서 얼마나 있겠는가? 공연이 끝난 뒤 관객들의 환호를 받으며, 성취감과 함께 자부심도 생겼을 것이다. 그것이 '학업 성적에도 긍정적인 영향을 미치지 않았을까' 하는 생각이 든다.

성공에는 도미노 법칙이 있다

성공에 도미노 법칙이라는 것이 진짜 있는 것일까? 영어에서 시작된 막연한 자신감은 예전에는 꿈도 못 꾸었을 영재교육원에도 도전하게 만들었다. 재 도전의 반복 끝에 중1 겨울방학 때 성균관대 영재교육원에 합격했다.

경쟁률이 워낙 치열해서 별 기대를 하지 않았는데 자율주행자동차, AI 등 동빈이가 평소 관심 있어 하던 주제인 데다가 코딩에 빠져서 많은 시간을 보내며 얻은 지식 덕분에 운 좋게 합격할 수 있었다. 합격한 아이들 대부분이 국제중학교에 재학 중이거나 영어는 기본이고 중국어 등 여러 언어에 능통한 실력파 아이들이었다. 사교육 한 번 없이, 쟁쟁한 친구들과 어깨를 나란히 한 동빈이가 대견했다.

집에서 열심히 영어를 익혀온 게 여러모로 큰 도움이 된 게 확실했다. 자기 소개서에도, 학원에 다니지 않고 집에서 자기 주도적으로 영어를 공부한 점을 어필했다. 그리고 교수님 두 분과 1:2 심층 면접을 할 때, 온라인 카페에 낭독이나 스토리 서머리를 올리면서 자신감 있고 조리 있게 말하는 법을 익힌 것도 큰 도움이 된 듯했다.

• 성균관대 영재교육원에 합격한 동빈이

중2가 된 요즘, 영어 덕분에 동빈이의 학교생활이 더욱 즐거워졌다. 담임이 영어선생님인데 동빈이를 보더니 "동빈이는 어느 나라에서 살다 왔니?" 하고 물으셨다고 한다. 호주에서 살다 오셨다는 담임선생님은 코로나 때문에 비대면 화상으로 아이와 상담을 하면서 100% 영어로만 대화를 했다. 선생님과 영어로 신나게 이야기 하는 동빈이를 보면서 '영어 말하기 연습을 열심히 해서 어디에 쓸 수 있을까' 궁금했는데, 이런 모습을 보니 감격이었다.

최근에는 담임 선생님을 실망시키지 않겠다며 스스로 열심히 준비하더니, 중간고사 영어시험에서 만점을 받았다. 동빈이가 학업에서도 계속 좋은 성적을 거두면 좋겠지만 큰 욕심은 없다. 중학교에 올라가면 교우 관계가 가장 힘들다고 하기에 사실 아이를 위해 대안학교나 홈스쿨링까지 생각하고 있었다. 그런데 매일 싱글벙글 웃으며 학교에 가는 모습을 보니 어찌나 감사한지…….

동빈이는 자기가 좋아하는 영어 소설을 읽고, 관심 있는 영어 유튜브도 보고, 영자신문 기사 내용을 원어민과 화상으로 프리토킹 수업을 한다. 영어가 더 이상 힘들고 지겨운 학습이 아닌, 정보를 얻고 원어민과 토론하며 안목을 키우는 수단이 되었다.

영어 말하기 연습을 열심히 해서 자기 꿈을 더 넓게 펼쳐가는 경우를 주위에서 많이 볼 수 있다. 개그맨 김영철 씨도 영어 잘하는 연예인으로서 방송의 영역을 넓히고 있다. 자신의 꿈이 '영어로 미국인 관객 앞에서 스탠드업 코미디를 하는 것'이라고 인터뷰에서 밝힌 적이 있는데, 얼마 전 유튜브 영상을 보니 정말 영어로 미국 관객들을 웃기고 있었다.

국경이 점점 무너지고 국내 취업시장이 얼어붙은 상황에서, 시야를 세계로 넓힌다면 더욱 큰 기회를 얻을 수 있을 것이다. 영어만 가능하다면 도전해볼 수 있는 기회가 무궁무진하게 널려 있다.

2020년 9월 10일자 〈서울경제〉에 따르면, 영어 말하기 시험 점수가 주요 기업들 입사 시험에서 당락을 좌우한다고 한다. 예를 들어, 삼성전자의 경우 영업 마케팅 해외영업부서 직원을 뽑을 때 토익 스피킹 점수가 레벨 7 이상 되어야 한다. 삼성물산의 경우도 마찬가지다.

영어가 꼭 기업에 입사하기 위해서 필요한 것만은 아니다. 요즘 아이들에게 "네 꿈은 뭐니?" 하고 물었을 때, 1위가 '크리에이터'라고 한다. 만약 유튜브 크리에이터를 꿈꾼다면, 영어야말로 필수다. 같은 영상이라도 영어로 제목을 달고 영어 자막이나 약간의 영어 설명을 곁들였을 때 조회 수에서 엄청난 차이가 있기 때문이다. 국내 구독자뿐만 아니라 해외 구독자를 대상으로 해야 유튜브 크리에이터로서 성공 확률이 당연히 높아진다. 꿈이 여행가라는 초등 6학년 준우에게도 영어는 꼭 익혀야 할 수단이다. 영어를 좋아하지 않는다는 준우에게 "세계 곳곳을 다니며 다른 나라 사람들과 대화하기 위해서는 영어가 필수"라고 했더니 고개를 끄덕였다.

아이들에게 막연히 '공부만 하라'고 강요하지 말고, 아이의 꿈을 물어보자. 그리고 현실적으로 어떤 분야의 직업에 종사하건 영어가 더 큰 꿈을 갖는 데 있어 도움이 된다는 사실을 진지하게 이해시켜주자. 내재적 동기intrinsic motivation가 있어야 더 열심히 진짜 공부를 할 수 있다.

■ "엄마표영어" 시작을 고민하는 분께

온라인 카페에서 '엄마표영어를 하면 시험에서 불리하지 않을까?' 걱정하는 사람들이 종종 있어서, 카페에 내가 올린 글을 가감 없이 그대로 소개한다.

동빈이는 이제 중2라 지필평가가 있어서 요즘 열심히 준비 중이에요. 수학이랑 과학은 학원 다니면서 도움 받고 있는데, 초등 때 학원을 많이 안 다녀서 그런지 공부 스트레스 없이 재미있게 하고 있어서 다행이에요. 영어는 제가 다음과 같이 중간고사에 대비해 도와주고 있어요. 가르치는 게 아니라, 그냥 혼자 할 수 있게요.

1. 흘려듣기로 교과서 암기

(교과서를 MP3로 다운받아서 흘려듣기 한 지 한 달 되었는데 자동으로 외우더라고
요. 영어 공부에 "반복"만큼 좋은 건 없는 듯해요.)

2. 자습서 해석만 보고 교과서 내용 노트에 써보기

3. 자습서 꼼꼼히 공부

4. 문제집 풀기

5. 학교 기출문제 풀기

(기출문제 사이트 이용, 학원에서도 이렇게 해요)

얼마 전에 상담하다보니, 초등 고학년이 되면서 내신전문 학원에 보냈다고 하시던
데, 보니까 아이 수준에 비해 너무 어려운 원서 교재로 수업하는 곳이더라고요. 아
이는 다니기 싫다고 울고요.

사실 내신이라는 건 교과서라는 범위가 정해져 있어서, 암기만 하고 문제 풀면 점수
어렵지 않게 받을 수 있어요. 오히려 수능이 문제인데, 수능 문제는 사실 학원에서
공부하는 조각글이나 리딩 교재 한두 권으로는 고득점이 어려워요.

제한된 시간 내에 주어진 지문을 우리말 읽는 정도의 리딩 속도가 나와야 되기 때문
에 다독이 필수예요. 그래서 엄마표영어로 집에서 원서 많이 읽어서, 리딩 수준을
《해리포터》 정도는 쉽게 읽을 정도로 만들어주는 게 어떻게 보면 최고의 수능 준비
예요. 그리고 제일 안타까운 게 학원 숙제(단어 100개 외우기 등) 때문에 학교 영어
수업 시간에 수업 안 듣고 딴짓하는 아이들이에요. 제가 학교에서 근무할 때, 수업
시간에 아예 시험 힌트를 줘도 틀리는 친구들이 그런 아이들이었어요.

내신 잘 받는 방법은 수업 시간에 철저히 듣는 게 최고예요. 시험 문제 내는 사람은
학원 선생님이 아니라 담당 과목 선생님이니까요. 동빈이한테는 그래서 다음 세 가

지를 하라고 했어요.

1. 꼭 예습하기(적어도 어떤 내용을 수업하는지 알고 수업 받기)
2. 수업 시간에 잘 듣고, 선생님이 강조하는 것 노트에 적기
3. 중간중간 쓱 훑으면서 복습하기

이렇게 해놓으면, 벌써 내용에 익숙해졌기 때문에 시험 전에 공부해야 될 시간이 엄청 단축돼요. 에고고, 글이 좀 길어졌네요. 엄마표영어 하면서도 불안하신 분들이 가끔 있으셔서, 먼저 경험한 사람으로서 내신 걱정 마시라는 말씀 꼭 드리고 싶었어요. 영어 "진짜 실력" 만들어놓으면 시험은 아무것도 아니에요.
오늘도 즐거운 엄마표영어, 홧팅입니다!

*열심히 노력한 결과 동빈이는 중학교 첫 중간고사 영어시험에서 만점을 받았다. 수학 등 다른 과목에서도 좋은 성적을 받은 게 스스로도 뿌듯했는지 카페에 성적표와 함께 인증글을 올리며 많은 격려와 칭찬을 받았다.

해리포터가 저절로 읽히는

읽기 독립 실천 로드맵 6단계

다독과 다청이 핵심이다

영어는 언어,
듣기로 시작하면 쉽다

지난 몇 년 간 아침에 일어나자마자 하는 일이 있다. 바로 영어 스토리가 나오는 MP3 켜기다. 어떤 날은 리틀팍스 〈라켓걸〉 또 어떤 날은 〈찰리와 초콜릿 공장〉의 주인공 찰리와 함께 하루를 시작한다. 처음 시작할 땐 물론 나도 반신반의 했다. 하지만 영어 공부를 하면서 듣기의 중요성을 직접 경험해보았기 때문에 아이의 듣기를 가장 우선시했다. 시간이 지나고 듣기 실력이 쌓여가면서 그 효과를 실감했다. 듣는 시간만큼 영어라는 언어에 익숙해졌고, 결과는 아웃풋으로 검증되었다.

아이는 처음에는 그냥 듣고 따라 하기만 했는데, 나중에는 다음 대사를 미리 말하면서 어깨를 으쓱했다. 그리고 스토리에 대한 자기의 의견을 영어로 말하기 시작했다. 영어가 익숙해질 때까지 듣고 꾸준히 따라 하다 보니 영어로 자연스럽게 말할 수 있게 되었다.

'묻지도 따지지도 말고' 그냥…… 들어라

주위에서 영어를 어떻게 시작해야 되느냐고 물으면, '묻지도 따지지도 말고' 우선 무조건 영어를 소리로 들으라고 권한다. 처음 영어를 시작하는 어린이든 성인이든 모두 마찬가지다. 언어를 배우려면 먼저 소리에 익숙해져야 한다.

하지만 의외로 듣기의 중요성에 대해 모르는 사람이 많다. 먼저 파닉스로 읽기 규칙을 배운 뒤 단어를 외우고, 그 다음 독해와 문법을 배워야 한다고 생각한다. 영어가 아직도 실용적인 의사소통의 도구가 아니라 시험과목 중 하나라는 인식이 있기 때문이다. 하지만 파닉스 규칙만 열심히 공부하고 단어 스펠링을 외우는 식으로 접근한다면, 평생 영어에서 자유로워지기 힘들다.

처음엔 그냥 무조건 들려주자. 약간의 관심만 가지면 그리 어려운 일도 아니다. 요즘엔 TV와 인터넷에 아이들이 좋아할 만한 재미있는 영어 콘텐츠가 차고 넘친다. 영어를 10년 넘게 배웠으면서도 말 한마디 하기 힘든 엄마 아빠처럼 만들고 싶지 않다면, 내 아이에게 영어 소리를 차고 넘치게 들려주자. 재미있는 영어책 오디오나 영어 영상으로 영어에 노출시키면 재미와 효율성을 다 잡을 수 있다.

집중 듣기와 흘려 듣기

• 세이펜을 이용한 집중 듣기

방법에는 집중 듣기와 흘려 듣기가 있다. 집중 듣기는 CD나 세이펜 등을 이용해서, 귀로는 영어의 소리를 들으면서 눈으로는 손이나 펜 등으로 책을 집으며 읽는 활동을 말한다.

낮은 단계의 책부터 집중 듣기를 시작해서 점점 익숙해지면, 나중엔 챕터북도 오디오북을 이용해 쉽게 읽을 수 있다. 집중 듣기의 장점은, 학습 초기에는 영어의 소리와 글자를 매칭하면서 파닉스를 자연스럽게 완성시켜 나갈 수 있는 것이다. 그리고 파닉스를 완성한 뒤 계속 집중 듣기를 하면, 자기도 모르는 사이 머릿속에 튼튼한 영어 엔진이 만들어진다.

엄마 아빠들이 영어 원서를 어려워하는 이유 중 하나는, 앞으로 쭉쭉 읽어나가지 못하고 자꾸 되돌아가서 해석하려는 경향이 있기 때문이다. 그런데 집중 듣기를 하면서 책을 읽다보면 오디오 소리에 맞춰 읽기가 진행되기 때문에 되돌아갈 수 없다. 따라서 자연스럽게 영어를 영어의 어순에 맞춰 이해하는 능력이 생기게 된다.

하지만 동빈이는 책과 오디오로 하는 집중 듣기를 힘들어했다. 그래서 대신 이용한 것이 온라인 영어도서관이었다. 책에 흥미를 못 느끼고, 집중력이 부족한 아이라면 리틀팍스나 리딩오션스, myON 같은 온라인 영어도서관을 집중 듣기에 활용하면 되니까 너무 걱정할 필요는 없다. 집중 듣기가 좋다고 해서 내 아이도 무조건 해야 하는 것은 아니다. 아이가 잘 따라가면 물론 좋지만 그렇지 않다면 아이에게 강요하지 말고 다른 방법을 찾으면 된다.

아이들이 흥미를 가질 만한 온라인 도서관이나 동영상을 영어자막과 함께 보여줌으로써 영어에 재미를 느끼게 하면 저절로 집중하고 따라온다. 거기에 영어책 읽어주기를 병행한다면 파닉스도 쉽게 배울 수 있다.

흘려 듣기는 영어로 된 동영상을 자막 없이 보거나 영화나 책의 오디오 녹음 등 영어 소리를 틈날 때마다 들을 수 있게 해주는 활동이다. 앞서 이야기한 것처럼, 동빈이는 지난 몇 년간 흘려 듣기를 열심히 했다. 아침에 일어나자마자 시작해서 밥 먹을 때, 차량으로 이동할 때, 블록이나 레고 놀이 등을 할 때도 틈만 나면 영어 MP3를 들었다.

참고로, 흘려 듣기를 할 때는 너무 어려운 수준의 내용보다는 지금 아이가 읽고 있는 책이나 동요, 재미있게 본 영화 등의 소리를 들려주는 것이 좋다. 어떤 것이든 안 듣는 것보다야 낫겠지만, 수준에 맞고 흥미 있는 내용의 소리를 들어야 더 효과적이다. 그리고 이왕이면 아이가 좋아하는 유튜브나 영화 등을 이용해 적극적인 듣기를 하는 것이 좋다. 비록 다 알아 듣지못해도, 반복해서 보다보면 장면과 소리를 매칭하면서 영어에 점점 익숙해진다. 특히 맥락이 있는 상태에서 배우는 표현들은 장기기억으로 저장될 확률이 훨씬 더 높다.

100권 도전으로
영어 읽기 습관 만들기(다독)

들기로 시작하지만, 결국 외국어 학습의 성패는 책 읽기에 달려 있다고해도 과언이 아니다. 영어책 읽기는 부족한 인풋을 채워줄 최고의 방법일 뿐만 아니라, 책을 통해 각종 지식과 지혜를 배움으로써 아이의 삶이 풍성해진다.

읽기 발달 과정 3단계

읽기 발달 과정은 1) 파닉스와 사이트워드 익히기, 2) 유창하게 낭독하기Reading Fluency, 3) 독해Reading comprehension 능력 높이기의 과정이라고 볼 수 있다. 이때 책 읽기를 하면서, 정독과 다독을 적절히 병행하는것이 효과적이다.

1) 파닉스와 사이트워드 sight words익히기

먼저 알파벳과 음가를 익힌 후, 음가를 조합해서 단어 만드는 법을 이해한다(예 : d-o-g →dog). 사이트워드란 책에 자주 등장하지만, 파닉스 규칙만으로는 읽을 수 없는 단어들을 말한다. 예를 들어 a, the, he, and, to 등인데, 아이들이 초기에 읽는 책에 상당히 많으므로 꼭 익혀야만 책 읽기가 원활하다.

2) 유창하게 낭독하기|Reading Fluency

책을 읽을 때 빠르고 정확하게 읽을 수 있는 능력을 말한다. 단어 하나 하나 읽기에 바쁘다면 읽는 내용을 이해하기가 힘들다. 자연스럽고 빠르게 즉, 유창하게 글을 읽을 수 있어야 내용이 머리에 들어온다. 그러므로 빠르고 정확하게 소리 내어 읽는 연습낭독이 꼭 필요하다.

3) 독해|Reading comprehension 능력 높이기

유창하게 읽을 수 있다면 더 나아가, 읽고 있는 단어나 문장의 뜻을 이해하는 능력이 필요하다. 이것이야말로 책 읽기를 하는 최종 목표다. 독해력을 키우기 위해 알고 있는 어휘 수를 늘려 나가야 한다.

학원이나 학습지 회사들이 사용하는 파닉스 교재들은 잘 만들어지기는 했지만, '언어를 배운다'는 관점에서 볼 때 아쉬움이 남는다. 사칙연산을 배우듯 파닉스 규칙을 공부한다고 해서, 모든 단어를 읽을 수 있는 것이 아니기 때문이다. 어쩔 수 없이 사교육의 도움을 받더라도 집에서 엄마표영어로 꼭 책 읽기를 해줘야 하는 이유이다.

그리고, 책 읽기로 다독을 병행하면 읽기 발달 과정 두 번째 단계인 '유창하게 낭독하기'와 세 번째 단계인 '독해 능력 높이기'로 나아갈 수 있다.

다독을 할 때는 '목표를 정하고, 그 목표를 달성했을 때 어떤 보상을 해줄 것인가' 약속하는 것이 더 재미있고 효과적이다. 보상을 기대하는 한편 아이는 성취감을 위해 책 읽기를 더 열심히 할 것이다. 물론 책에 재미를 느껴 스스로 읽는 내재적 동기가 가장 중요하지만, 책 읽기에 아직 익숙하지 않은 아이에게 이런 외적 보상은 큰 동기 부여가 된다.

엄실모 카페에 올라오는 엄마들의 기발한 동기 부여 아이디어에 감탄을 하게 된다. 아이가 책을 너무 싫어해서 고민을 하던 Sam 엄마는 63권을 다 읽으면 63빌딩에 가기로 약속하고 책 읽기를 시작했다. 드디어 63권 읽기에 성공한 날 63빌딩 꼭대기에 올라가서 인증샷을 카페에 올렸다. 이렇게 성공한 책읽기는 200권, 300권으로 계속 이어졌다. 또 다른 엄마는 300권 읽기 성공한 날 300번 버스를 타고 시내 투어를 하는 인증샷을 올리기도 했다. 내 아이를 위한 엄마들의 정성과 노력이 정말 대단하다. 아이들을 위한 부모의 사랑과 헌신은 감동적이었다.

• 100권 도전 스티커판 활용 예시

• 63권 읽기 성공 기념으로 방문한
63빌딩에서 인증 샷

■ 책 읽기 습관 만들기 팁

요즘 아이들은 일찍부터 스마트폰 및 영상에 노출이 돼서 책 읽기 습관 만들기가 쉽지 않은 게 사실이다. 재밌고 자극적인 영상보다 아무래도 정적인 활동인 책읽기는 아이들에게 덜 매력적이다. 그만큼 엄마들의 고민도 깊다. 시대가 변했으므로 어쩔 수 없이 받아들일 수밖에 없는 부분도 있다. 스마트 기기를 통한 학습에는 순기능도 많기 때문이다. 그래도, 아이들의 정서와, 뇌 발달 과정을 생각해볼 때 책 읽기 습관 만들기는 부모로서 해 줄 수 있는 최고의 선물이다. 스마트기기와 미디어가 흥미유발과 듣기 능력 향상에는 도움이 되지만 글자를 읽고 생각하며 자신의 것으로 만드는 과정에서 아이들의 사고력과 창의력이 자라게 되기 때문이다.

내 아이의 미래를 위해 책 읽기 습관을 꼭 만들어주자.
책 읽기 습관을 만들기 위한 몇 가지 팁들을 소개한다. 영어책과 한글책 읽기 모두에 적용가능하다.

1) 아이의 취향을 저격하라

이미 여러 번 강조했지만, 책 읽기에서도 가장 큰 동기 부여는 바로 '재미' 다. 아이들은 어릴수록 놀이와 학습의 차이점을 크게 구분하지 못한다. 재미있으면 책 읽기도 놀이가 된다. 아이가 좋아할 만한 책을 찾아내서 슬쩍 들이미는 센스가 필요하다.

내 아이의 취향을 가장 잘 아는 사람은 바로 엄마다. 아이가 좋아하는 게 뭔지 자세히 살펴보자. 책이라면 무조건 거부하던 8살 남자 아이가 어벤져스를 주제로 한 책에 바로 관심을 보이는 것을 보며 '이 세상에 책을 싫어할 아이는 없다' 라는 것을 다시 한 번 느낀 적이 있다. 공주를 좋아하는 여자 아이라면 다양한 공주 이야기의 디즈니 캐릭터를 주제로 한 책을 읽히면 성공할 확률이 높을 것이다.

동빈이의 경우 장난꾸러기 이야기와 탐정 이야기를 좋아했었다. 그래서 챕터북을 읽기 시작했을 때 《Horrid Henry》, 《Horrible Harry》, 《Encyclopedia Brown》 같은 책들을 읽혔는데 효과 만점이었다. 오디오 음원을 구해서 먼저 들려주면서 "와, 이 책 정말 재밌겠다!" 하며 바람 잡는 것도 잘 먹혔다.

2) 무한 칭찬과 격려를 해 주자

약간 오버스러워도 상관없다. "우리 아들 책 읽는 모습이 너무 이쁘네", "어쩜 이렇게 어려운 책을 척척 잘 읽니?" 하면서 무한 칭찬을 해주자. 칭찬은 고래도 춤추게 한다는 걸 꼭 기억하자.

3) 눈에 뜨이는 곳곳에 책을 두자

TV 리모콘이 눈에 뜨이면 무의식적으로 TV를 켜게 되고, 스마트폰이 보이면 게임

을 하고 싶은 게 인지상정이다. 아이 눈에 잘 뜨이는 곳곳에 재미있는 책들을 놓아두자. 한 번이라도 아이가 집어들면 성공이다.

• 엄실모 카페 회원의 책읽기 습관 만들기 아이디어

4) 아이 배를 든든하게 !

집중 듣기, 책 읽기를 하기 전에 아이가 좋아하는 맛있는 간식을 준비해주자. 어떤 아이가 방문 선생님을 손꼽아 기다리곤 했는데, 나중에 이유를 물으니 수업이 끝나면 선생님이 주시는 달콤한 사탕 때문이었다고 한다. 아이들은 부모가 생각하는 것보다 아직 많이 어리다. 맛있는 간식이 책 읽기 시간을 더욱 즐겁게 해 줄 것이다.

5) 엄마, 아빠와 함께 읽기 게임

책을 읽을 때 아이가 좋아할 만한 게임의 요소를 더해보자. 예를 들어 가위바위보를 해서 이긴 사람이 펼쳐진 두 페이지 중에 읽고 싶은 페이지를 고르게 한다. 아이들은 주로 글밥이 적은 페이지를 고르려 할 것이다. 적든 많든 게임을 통해 한 페이지는 온전히 낭독하게 되고 다른 한 페이지는 집중 듣기를 하게 되니 남는 장사다. 낭독하다가 잘 못 읽으면 뺏어 읽기 게임도 아이들이 재미있어 한다. 게임에 너무 몰입해서(?) 안 틀리고 끝까지 읽는 것보다 엄마, 아빠가 일부러라도 틀리게 읽어서 아이들을 즐겁게 해주자.

6) 자기 전에 함께 책 읽는 시간을 갖자

하루하루 정신없이 지내다 보면 사실 조용히 책 읽는 시간 내기가 쉽지 않다. 저녁

때 씻고 잠자리 들기 전의 시간을 가족 모두 책 읽는 시간을 가져보면 어떨까? 난 요즘도 동빈이와 잠자기 전 책 읽는 시간을 가지려고 애쓰고 있다. 책 읽으라고 100번 잔소리하는 것보다 확실히 효과가 좋다. 아이와 책에 대한 이야기도 나누면서 좋은 관계도 유지하고 나도 책을 읽게 되니 여러 가지로 도움이 되었다. 아직 안 해 보았다면 꼭 도전해보자.

7) 책 탑 쌓기

아이가 읽은 책들로 책 탑을 쌓아보자. 아이 키 높이 만큼 책 쌓기 등 미션을 가지고 진행하면 아이가 더 즐겁게 책 읽기를 할 수 있다. 한 권 한 권 읽다보니 어느 덧 자기만큼 커져 버린 책 탑을 보면서 아이는 재미뿐만 아니라 성취감을 맛보게 될 것이다.

8) 100권 읽기 성공 후 보상으로 동기 부여

먼저 100권 도전판을 만들어보자. 읽기 독립이 아직 안되었으면 부모가 읽어주거나, 스스로 읽은 것, 반복해서 읽은 것 모두 포함해서 책을 읽을 때 마다 도전판에 스티커 붙이기를 하게 한다. 아이는 성공했을 때 큰 성취감을 느낄 수 있다. 성공할 때마다 아이가 원하는 작은 선물을 사준다면 아이는 책 읽기를 멈추지 않을 것이다.

100권 성공 후 그다음은 200권, 300권, 계속 늘려가다 보면 금방 1,000권 이상을 읽게 될 것이다.

오늘부터 100권 도전 바로 시작해보자!

• 영어책 읽기에 빠진 동빈이

리딩 교재 병행하면서
영어학원 이기기(정독)

엄마표영어로 책 읽기를 진행하다보면, 내 아이의 리딩 실력이 얼마나 늘고 있는지 궁금할 때가 많다. 그리고 가끔씩 학원에 다니는 옆집 아이를 보며 '어휘도 공부도 해야 하지 않을까? 시험 준비도 해야 할 것 같은데……' 하는 걱정이 들기도 한다.

이럴 때는 원서 다독과 함께 리딩 교재로 학습하는 것을 추천한다. 리딩 교재는 내용이 정해져 있어서 매일매일 학습하기에 좋고, 내 아이의 실력을 객관적으로 평가할 수도 있다. 학원처럼, 교재가 한 권 끝나면 다음 교재로 레벨업 할 수 있기 때문에 아이들의 학습 동기도 높아진다. 시중에 나와 있는 교재로는 브릭스리딩, 미국교과서 읽는 리딩, 리딩퓨처 등이 있다.

그중 브릭스리딩은 한 유닛의 글이 30~300단어로 구성되어 있어서 아이에게 맞는 레벨을 선택할 때 편리하다. 출판사 홈페이지에서 제공하는 레벨 테스트를 보면, 처음 시작할 때 어떤 수준의 교재를 선택할지 결정하는 데 도움이 된다. 책마다 미리 보기 기능이 있으므로, 반드시 아이에게 읽혀본 다음 그것이 적당한 교재인지 확인해야 한다. 상담을 하다 보니 리딩 교재를 사용하는 일부 학원들이 아이 수준에 비해 터무니없이 높은 교재를 사용하는 경우가 많았다. 숙제를 해가기 위해 엄마, 아빠가 한 두 시간씩 도와줘야 한다면 아이에게 별로 도움이 되지 않는다. 아이 스스로 지문을 읽고 혼자서 충분히 문제를 풀 수 있는 수준의 교재가 적당하다. 한 지문에서 모르는 단어가 많다고 생각되면 교재의 수준을 낮춰야 한다.

리딩 교재 200% 활용법

리딩 교재의 장점은 다양한 배경지식과 어휘를 자연스럽게 늘릴 수 있다는 것이다. 픽션과 논픽션을 아우르며, 아이들이 친근하게 느낄 수 있는 내용과 디자인으로 구성되어 있다. 어휘의 경우 앞에 나왔던 단어들이 다음 레슨에도 등장하는 나선형 구조라서 자연스럽게 반복하며 익힐 수 있다. 글을 읽은 뒤 문제풀이를 통해 글의 주제와 핵심을 찾아내는 연습을 할 수 있는 점도 좋다. 워크북에서는 크로스퍼즐 등을 통해 배운 단어를 복습할 수 있고, 주어진 어휘를 재배열하며 자연스럽게 문장 구성을 공부하는 동시에 쓰기 연습도 가능하다.

많은 영어 교습소나 학원에서도 위에 소개된 리딩 교재 중 하나를 사용한다. 집에서 영어책 읽기와 함께 리딩 교재를 꾸준히 공부해나가면 굳이 학원에 보낼 필요를 못 느낄 것이다.

리딩 교재는 한 번 풀고 끝내지 말고, 다음과 같은 방법으로 200% 활용해보기 바란다.

1) 교재에 제시된 단어를 학습한다. 주로 이미지와 함께 제시되어 있어서, 아이들도 어렵지 않게 알 수 있다. 단, 추상적인 단어나 뜻이 애매할 경우, 사전에서 찾아 우리말 뜻을 정확하게 알아둔다.

2) 교재에 나와 있는 QR코드를 통해, 먼저 원어민의 음성 녹음을 들으며 대략적인 지문의 뜻을 파악한다.

3) 음원을 듣고 따라 읽거나 낭독한다.

4) 묵독을 하면서 전체적으로 해석해본다. 원서 읽기로 다독을 할 때는 굳이 해석을 해볼 필요가 없지만, 리딩 교재는 정독을 하면서 해석을 해보는 것도 도움이 된다. 원서 읽기는 장점이 많지만 감으로만 어설프게 넘어가는 경우도 많아, 실제 아이의 리딩 실력이 생각보다 낮은 경우

도 종종 있다. 리딩 교재만이라도 정확히 뜻을 알고 넘어가는 연습을 하면, 보다 정확한 리딩이 가능해진다.

물론 리딩 교재 상위 레벨 학습자의 경우 이미 원서를 한글 읽을 때와 같은 속도로 이해한다. 그렇다면 굳이 해석은 필요 없다. 낮은 단계의 리딩 교재를 해석할 때 일대일 해석이 안 되는 경우가 있으므로, 지엽적으로 해석하기보다 전체적인 글의 핵심을 파악하는 방향으로 진행한다. 뜻을 잘 모를 경우 홈페이지에 나와 있는 해석을 참고하면 된다.

5) 주교재의 문제를 풀며, 글의 요지를 제대로 이해했는지 확인한다.

6) 워크북을 풀며, 어휘 복습과 쓰기 연습을 한다.

7) 틈날 때마다 CD로 전체 본문 내용을 들으며 복습한다.

리딩 교재로 말하기 연습하기

리딩 교재를 이용하여 영어 말하기 연습도 할 수 있다.

1) 세 번 소리 내어 읽으며 시간 재기

앞에서 소개한 것처럼, 영어를 유창하게 읽는 훈련으로 리딩 교재를 활용하면 좋다. 한 개의 지문을 세 번 반복해서 소리 내어 읽되, 각각의 시간을 기록한다. 첫 번째 40초, 두 번째 36초, 세 번째 30초. 이렇게 각

각 기록한다. 영어 학습에서 가장 좋은 방법은 반복이다. 하지만 아이들은 반복을 지루해한다. 무조건 "세 번 읽어"라고 말하지 말고, "우리 얼마나 빠르게 또박또박 읽는지 시간 한번 재볼까? 분명히 첫 번째하고 세 번째가 다를 걸" 하고 말한다면 아이는 게임이라 생각하고 집중할 것이다.

아이 스스로 목표 시간을 정하고 그 속도를 따라잡기, 엄마 아빠와 셋이서 누가 제일 빠르게 잘 읽는지 시합하기 등 게임의 요소를 접목하면 영어 읽기에 재미를 느낄 것이다. 아이의 자신감을 높이기 위해 일부러 져주는 센스를 발휘해보자.

2) CD 들으며 섀도잉 하기

공부했던 내용을 다시 흘려 듣기 할 때, 듣고 따라서 말하기섀도잉을 하면 소리에 더 집중할 수 있어서 효과적인 복습이 된다. 거기에 원어민의 인토네이션과 발음 등을 최대한 흉내 내면서 따라 말하면 훌륭한 스피킹 연습이 된다.

3) 교재 내용 서머리 하기

리딩 교재 대부분 그림과 사진이 함께 있고 스토리도 재미있다. 학습이 끝난 다음에는 교재에 있는 어휘와 문장을 이용해서 교재 내용을 서

머리 하도록 해보자. 영어 말하기에 큰 도움이 된다. 서머리 하는 방법은
다음 장에서 더욱 자세히 소개해놓았으니, 참고하기 바란다.

4) 필사하기

이미 끝난 단계의 리딩 교재를 가지고 영어 노트에 필사를 하면 글쓰
기에 도움이 된다. 앞서 공부했던 내용이라 아이들에게 부담이 적다. 배
웠던 단어나 표현을 복습하면서 영어 어순, 문장 구조도 자연스럽게 익
히게 되고 작문을 할 때 표현력도 좋아진다.

04

엄마 대신 책 읽어주는
온라인 영어도서관 200% 활용법

아이에게 매일 책을 읽어준다는 것이 말처럼 쉽지만은 않다. 특히 아직 책 읽기 습관이 잡히지 않은 아이라면 실랑이를 벌이면서 서로 감정만 상하기 십상이다. 다행히 아이가 책을 좋아한다 하더라도, 그 많은 책을 다 구입할 수도 없는 노릇이고, 도서관에서 빌릴 수 있는 책의 양도 한정되어 있다. 또 집중 듣기나 흘려 듣기용으로 책에 딸린 오디오 CD가 필요한데 그 자료를 구할 수 없는 경우도 많다. 이때 쉽게 활용할 수 있는 것이 바로 온라인 영어도서관이다.

인터넷으로 검색해보면 다양한 온라인 영어도서관을 만나볼 수 있다. 각 업체마다 회비와 콘텐츠, 프로그램 등이 각양각색이므로 아이에게 맞는 곳을 선택하면 된다. 그중에서 대표적인 곳을 소개하자면, 미국 공립학교에서 많이 사용하는 마이온myON, 라즈키즈Raz kids가 있고, 국내 업체로는 리틀팍스, 리딩오션스, 리딩앤, 아이들북 등이 있다. 이들 온라인 영어도서관의 공통점은, 일정 회비를 내면 수천 권의 온라인 도서를 마음껏 읽을 수 있다는 것이다. 이용자의 리딩 수준에 맞는 책들을 직접 고를 수 있을 뿐만 아니라 생생하고 실감나는 오디오북을 함께 이용할 수 있어서, 아이가 부담 없이 접근할 수 있다.

아이마다 다르다

물론 온라인 영어도서관보다 종이책과 CD로 된 오디오 음성을 더 좋아하는 아이도 있다. 가장 중요한 것은 역시 아이의 학습 성향과 흥미다. 온라인 영어도서관을 싫어하는 아이에게 억지로 시키면 오히려 역효과가 난다.

학원가로 유명한 동네에 사는 학부모께 들은 이야기다. 온라인 영어도서관을 병행하는 학원이 있는데, 아이들이 온라인 영어도서관 때문에 죽을 맛이라고 했다. 궁금해서, 무료체험을 신청해보았더니 이유를 곧 알 수 있었다. 스토리는 다른 곳과 크게 차이가 없었는데, 독후 활동으로 푸는 학습 퀴즈가 너무 많았다. 짧은 스토리를 하나 본 뒤 필요 이상의 많은 문제를 풀어야 하니 아이들이 싫어할 만도 했다.

웅진출판사에서 만든 리딩오션스는 독후 활동으로 재밌게 단어를 복습하고 퀴즈 내용도 부담스럽지 않아서 부담 없게 학습할 수 있다. 특히 독후 활동 중에는 녹음 기능이 있어서 말하기 연습도 가능하다는 장점이 있다. 얼마 전에는 웅진 빅박스로 통합되어 다양하고 재미있는 동영상도 볼 수 있고 어휘 학습 등 미션을 완성할 때 마다 모은 골드로 아바타 등을 꾸밀 수 있어서 아이들이 좋아한다. 리딩오션스에서는 약 1,800여 권의 원서를 읽을 수 있는데 렉사일 테스트를 제공하고 있어 아이 수준에 맞는 책을 고르는데 도움이 된다.

• 웅진 빅박스 & 리딩오션스 첫 화면

아이가 영어에 시큰둥하고 책 읽기 습관도 안 되어 있다면, 애니메이션 스토리를 기반으로 한 리틀팍스를 추천한다. 리틀팍스의 장점은 스토리가 아주 재미있다는 것이다. 한 에피소드를 보기 시작하면 다음 내용이 궁금해서 계속 보게 된다. 이렇게 재미있게 본 스토리를 e-book으로 다시 볼 수 있고, 프린터블 북 기능을 이용해 책으로 만들어볼 수도 있다. 또한 MP3로도 다운로드해서 무한 반복 흘려 듣기도 가능하다. 오디오북 자체도 완성도가 높아서 듣는 것만으로도 재미가 있다.

온라인 영어도서관 중, 미국 아이들이 현지에서 읽고 있는 책을 그대로 읽히고 싶다면, 마이온myON을 선택하면 된다. 단, 웹사이트 내용이 모두 영어로 되어 있어서 영어 초급자라면 국내 온라인 도서관이 더 이용하기 편리하다. 독후 퀴즈도 원어민 아이들을 위해 만든 것이기에 다소 어렵게 느껴질 수 있다. 마이온은 미국에 있는 1만 개 이상의 학교에서, 전 세계적으로는 700만 명 이상의 학생들이 사용하고 있는 e-book 라이브러리 플랫폼이다. 한국에서는 약 5천5백여 권의 e-book을 제공하고 있으며, 학생의 리딩 레벨과 관심도에 맞춰 도서를 추천해주어 개별화된 학습 능력을 기를 수 있도록 돕고 있다.

ATOS 3.0 - 4.0

If Were a Ballerina

If Were a Cowboy

If Were a Firefighter

If Were a Major League Baseball Player

If Were an Astronaut

If Were a President

Being Brave

Being Cooperative

Being Courageous

Caring:A Book About Caring

Manners at a Friend's House

Manners in Public

• 마이온

동빈이도 온라인 영어도서관으로 재미있게 공부했다. 리틀팍스를 통해 픽션과 스토리 위주로 책을 읽었기 때문에 과학, 역사 등 논픽션 분야의 책들도 읽히고 싶었는데, 리딩오션스와 마이온에는 좀 더 다양한 종류의 책들이 있어서 많은 도움을 받았다. 참고로 마이온에서는 처음 시작할 때 Star Reading이라는 리딩 레벨 진단 프로그램으로 렉사일 점수를 받는다. 그리고 렉사일과 관심 분야에 맞는 책들을 자동으로 추천받는다. 또 지속적으로 미니 렉사일 테스트를 거치면서, 리딩 레벨이 얼마나 향상되었는지 확인할 수 있다.

• 동빈이 렉사일 점수 향상 그래프

대부분의 온라인 도서관은 무료체험을 진행하므로, 우선 무료체험 후 아이의 반응을 살펴서 선택하면 된다. e-book을 눈으로만 읽는 것보다는 음원을 꼭 함께 듣고, 따라 읽기 및 어휘 학습, 그리고 퀴즈도 꼼꼼하게 풀 수 있게 관심을 갖고 진행하다 보면, 아이들 영어 실력 향상에 많은 도움이 될 것이다.

144

내 아이 독서
수준에 맞는 책 찾기

집에서 혼자 엄마표영어를 진행하다보면 문득문득 '이게 정말 맞는 길인가?', '내가 잘하고 있는 건가?' 하는 생각이 들게 마련이다. 학원처럼 시험을 보거나 레벨업이 있는 것도 아니요, 정확한 커리큘럼이 있는 것도 아니라 때때로 불안하기도 하다. 그래서 엄마표영어 학습 로드맵을 만들어보았다. 로드맵은 총 6단계로, 책 읽기를 중심으로 구체적인 인풋과 아웃풋 학습 방법을 제시해놓았다.

인풋의 중심인 책 읽기는 아래 '엄마표 읽기 독립 실천 로드맵 6단계'에서 좀 더 자세히 다루었고 아웃풋 학습법은 4장에 소개되어 있다.

엄마표 영어자립 학습로드맵 + 아이의 상황과 수준에 따라 적용 : 흥미와 재미가 우선 !

LEVEL	읽기 독립 (AR지수)	인풋 쌓기 (듣기/읽기)	아웃풋 연습 (말하기/쓰기)	추천 도서 (3장 참조)
WARMING UP	1단계 (0-1)	<영어소리 익숙해지기> 온라인영어도서관, 영어동영상 영어책 100권 읽기 도전	듣고 따라하기 알파벳 쓰기 (파닉스 기본 음가배우기)	그림책 리더스북 파닉스 교재
WALKING	2단계 (1-2)	<정독&다독으로 읽기 유창성 키우기> 영어소리와 글자 매칭 (파닉스 완성) 온라인 영어도서관, 영어 동영상 영어책 1,000-2,000권 읽기 도전	듣고 따라하기 낭독&녹음하기 화상영어 기초회화 알기 및 연습 단어 쓰기연습	그림책 리더스북 파닉스 교재 리딩교재
JUMPING	3단계 (2-3)	<독해력 키우기> 다독으로 어순감각 익히기 & 어휘 확장 온라인 영어도서관, 영어 동영상 영어책 3,000권 읽기 도전 영자신문 (배경지식+어휘)	낭독&녹음하기 화상영어 동시통역노트 만들기 쉐도잉, 스토리 서머리, 필사하기 1분 말하기 연습&녹음	리더스북 초기 챕터북 리딩교재
RUNNING	4단계 (3-4)	<아이표영어 시작 - 읽기 독립> 다독 (스토리+논픽션) 온라인 영어도서관, 영어 동영상 영자신문 (배경지식+어휘)	낭독&녹음하기 화상영어 쉐도잉, 스토리 서머리 영어일기쓰기 2분 말하기 연습&녹음	챕터북 지식책 (논픽션) 리딩교재
LEAPING	5단계 (4-5)	<원서읽기 확장> 다독 (스토리+논픽션) 온라인 영어도서관, 영어 동영상 영자신문 (배경지식+어휘) 영화보기 (무자막)	낭독&녹음하기 화상영어 쉐도잉, 스토리 서머리 영어일기쓰기, 북리포트 쓰기 3분 말하기 연습&녹음 문법학습	챕터북 지식책 (논픽션) 리딩교재
FLYING	6단계 (5-6이상)	<아이표영어 완성> 다독 (스토리+논픽션+소설+에세이) 영자신문 (배경지식+어휘) 다큐멘터리&TED 시청 영화보기 (무자막)	낭독&녹음하기 화상영어 쉐도잉, 스토리 서머리 영어일기쓰기, Essay 쓰기 주제별 프리토킹 연습&녹음 문법학습	챕터북 지식책 (논픽션) 소설, 에세이 리딩교재

아이와 함께 6단계의 학습 로드맵을 가지고 목표를 설정하고, 동기 부여를 하는 것은 어떨까? 지금은 리더스북을 읽고 있지만 2, 3년 뒤 또는 초등학교 졸업 전까지 《해리포터》를 읽고, 영어로 원어민과 프리토킹한다는 목표를 세워보는 것이다. 꾸준히 실천만 한다면 충분히 가능하다. 이때 위의 6단계 학습 로드맵을 엄마표영어에서 아이표영어로 가기 위한 기나긴 여정에서, 지금 어디쯤 서 있는지 어떤 목표를 향해 나아가

야 할지를 가늠할 수 있는 나침반으로 활용하면 좋을 듯하다. 각 단계마다 제시되어 있는 학습 방법들을 아이의 상황에 맞게 실천해보자. 단, 아이마다 학습 속도가 다르고 학습 성향이나 현재 처한 상황이 다르므로, 각자에 맞게 조금씩 수정할 필요가 있다.

독서 관리를 위한 효율적인 시스템, AR 지수와 렉사일 지수

책의 레벨은 AR을 기준으로 나누었다. AR이란 아이들의 수준에 적합한 도서를 추천하기 위한 도서지수를 말한다. 원래는 미국 학생들을 위해 만들어진 것이지만 우리나라에서도 보편화된 듯하다. 요즘에는 알라딘, 인터파크와 같은 온라인 서점이나 일부 공공도서관에 있는 책들에서도 AR 점수를 확인 할 수 있다.

AR 지수는 르네상스러닝이라는 회사에서 만든 책 읽기 능력 향상 프로그램 중 하나인데, 학생들이 자기 수준에 맞는 책을 쉽게 찾아볼 수 있도록, 수만 권의 도서를 분석해서 AR 점수를 부여해놓았다. 예를 들어, 'AR 2.5' 라고 적힌 책은 미국 학생 기준 2학년 5개월에 해당하는 아이들이 읽기에 적합하다는 뜻이다. 보통 AR 2.0~3.0 정도의 책들을 근접 발달 영역으로 정해놓고, 거기에 해당하는 책을 읽어도 무방하다.

동빈이의 경우 AR을 기준 삼아 책 읽기를 진행하지는 않았다. 책을 살

때나 도서관에서 빌릴 때 AR지수 보다는 아이가 읽고 싶어하는 책, 관심 가는 책을 골라서 읽게 했다. AR 지수나 렉사일 지수 등은 원래 미국 아이들의 읽기 능력 향상을 위해 만들어놓은 지수이므로, 책 선택 시 참고 정도로만 하면 좋을 것 같다.

미국은 빈부 격차만큼 학습의 개인차도 크고 이민자 등 다양한 인종이 섞여 있어서 문맹률이 높다. 그래서 학생들의 독서 관리를 위해 효율적인 시스템이 필요했고, 이에 읽기 지수가 활용되는 것이다. 하지만 집에서 진행하는 책 읽기는 다르다. 내 아이만 잘 살펴보면 굳이 읽기 지수 없이도 읽기 수준을 금방 파악할 수 있다. 아이의 책 읽기 수준을 너무 수치화하는 것보다는 내 아이의 성향을 잘 파악해서 좋아할 만한 책들을 계속 넣어주는 게 더 중요하다. 그래서 다시 반복되는 이야기지만, 아이의 흥미가 우선이고 AR지수는 책을 고르는 데 참고하는 정도로 이용하면 좋을 듯하다. 물론 현재 아이의 리딩 수준을 알면 읽을 책을 선택하는 데 분명히 도움이 된다. 하지만, 모든 영어 책에 AR 지수가 부여되어 있는 것은 아니니 참고하자.

그러면 내 아이의 AR 지수는 어떻게 알 수 있을까? 바로 SR 테스트인데 이것 역시 르네상스에서 만든 읽기 능력 테스트다. 온라인으로 35문항의 문제를 20분 정도의 시간 동안 읽도록 하여 아이의 읽기 능력을 측정한다. 시험이 끝나면 SR 점수가 부여되는데, 예를 들어 1.5라는 점수를 받게 되면 '이 학생은 미국의 1학년 5개월 학생의 읽기 능력 수준을 가지고 있다' 고 이해하면 된다. 그러면 이 학생의 읽기 수준에 맞는 책은 AR 1.5에 해당한다고 볼 수 있다.

아쉽게도 SR 테스트는 유료다. 대형 어학원이나 주변에서 흔히 볼 수 있는 영어도서관 식으로 운영하는 학원에서 레벨 테스트로 활용중이다. 단, SR 테스트는 점수가 잘 나오게 하는 게 목적이 아니라 내 아이의 정확한 리딩 레벨을 진단하고 그에 맞춰 즐거운 독서를 할 수 있도록 도와주기 위해서임을 잊지 말자.

참고로, 렉사일 지수는 무료로 알아볼 수 있는 방법이 있다. 렉사일은 메타매트리스 사의 프로그램 독서 읽기 향상을 위한 측정 프로그램이다. 렉사일 테스트도 SR처럼 온라인으로 아이의 읽기 지수를 측정하고, 책마다 부여돼 있는 렉사일 지수에 따라 아이에게 적절한 수준의 책을 제시한다. 원서를 파는 국내 온라인 서점에도 AR 지수와 렉사일 지수가 함께 표시되어 있는 경우가 많다. 아래 사이트에서, 어휘 테스트를 보면 간단히 렉사일 지수를 확인할 수 있다. 어휘 테스트 결과 점수를 10으로 나누면 렉사일 지수가 된다.

• http://testyourvocab.com 참고

렉사일 지수와 AR 지수는 서로 변환이 가능하다. 예를 들어, 어휘 테스트 결과 5천5백 점이 나왔다면 10으로 나눈 550점이 렉사일 점수고, 아래 변환 표 기준으로 봤을 때 AR 점수는 약 3점대가 된다. 물론 리딩을 통한 테스트가 아니라 변별력에 한계가 있으므로 참고 정도만 하자.

〈Lexile 지수 - AR 지수 변환표〉

Lexile	AR	Lexile	AR
25	1.1	675	3.9
50	1.1	700	4.1
75	1.2	725	4.3
100	1.2	750	4.5
125	1.3	775	4.7
175	1.4	800	5.0
200	1.5	825	3.9
225	1.6	850	4.1

Lexile	AR	Lexile	AR
250	1.6	875	5.8
275	1.7	900	6.0
300	1.8	925	6.4
325	1.9	950	6.7
350	2.0	975	7.0
375	2.1	1000	7.4
400	2.2	1025	7.8
425	2.3	1050	8.2
455	2.5	1075	8.6
475	2.6	1100	9.0
500	2.7	1125	9.5
525	2.9	1150	10.0
550	3.0	1200	11.0
575	3.2	1225	11.6
600	3.3	1250	12.2
625	3.5	1275	12.8
650	3.7	1300	13.5

• www.lexile.com 참고

참고로 아이가 현재 읽고 있는 책의 AR 지수가 궁금하다면 포털사이트 검색창에서 AR book finder를 치면 해당 웹사이트를 방문할 수 있다. 아이의 현재 AR 또는 렉사일 지수에 맞는 추천 책을 찾고 싶다면 온라인 서점인 알라딘이나 인터파크를 이용 하면 된다. 홈페이지에서 외국도서 코너에 가면 AR 지수 또는 렉사일 지수에 맞는 책들을 분류해놓아서 편리하다.

글머리에서 소개한 '실천 로드맵 6단계'에서는 미국 초등학생을 기준으로 삼아 책 읽기를 위한 AR 지수를 넣었지만, 아웃풋을 위한 학습 방법은 영어를 외국어로 배우는 우리나라 상황에 맞게 제시해보았다.

AR 3~4점대의 책들을 다 읽을 수 있다고 해도, 영어 말하기 수준이 미국 아이들과 똑같다는 의미는 물론 아니다. 그리고 평균적으로 AR 기준을 볼 때, 미국 아이 학년에 비해 내 아이의 독서 수준은 평균 1~2 단계 낮을 것이다. 영어를 외국어로 배우는 우리 입장에서 보면 당연한 이야기다. 하지만 같은 학년의 원어민 아이가 읽는 책을 내 아이가 읽을 수 있다면, 이미 '내 아이 영어 자유인 만들기'에서 성공적인 궤도에 올라섰다고 볼 수 있다. 독서를 통해, 외국에 나가서 공부하지 않고도 원어민 아이들과 같은 수준의 책을 읽을 수 있다면 정말 멋진 일이다.

실제로 엄실모 카페의 세인이 같은 경우 초등 2학년이지만, 최근 SR 테스트 결과 4.5가 나왔다. 같은 또래의 미국 아이들보다 독서 능력이 훨씬 뛰어나다는 이야기다. 세인이는 엄실모 카페에서 5천 권이 넘는 책을 인증한 다독왕이기도 하다. 물론 세인이도 처음 시작할 때는 파닉스도 모르던 아이였다. 엄마표영어를 열심히 실천하면 가능한 일이니 오늘부터 한 권의 책 읽기부터 도전해보자.

읽기 독립 실천
로드맵 6단계

1단계. 그림책과 리더스북으로 영어와 친해지기(AR 0~1)

영어책은 난이도에 따라 그림책또는 스토리북, 리더스북, 챕터북, 영어소설 등으로 나눠볼 수 있다. 영어를 처음 접하는 내 아이에게는 이 중 어느 책부터 읽히는 것이 좋을까?

• I am the Music Man

한글로 된 책을 생각해보면 쉽게 이해가 될 듯하다. 바로 그림책이다. 글을 처음 배울 때 글밥이 많은 책은 부담스럽다. 읽기 독립 1단계에서는 그림책과 리더스북을 가지고 엄마가 읽어주는 것이 시작이다.

• A Dogshark Reader

'그림책이야 뭐……. 그런데 리더스북은 뭐지?' 하는 사람도 있을 것이다. 리더스북이란 글자 읽기에 초점을 둔 책으로, 아이들의 읽기 능력을 향상시키기 위해 만든 책을 말한다. 주로 단계별로 구성되어 있고, 특정 어휘들이 반복되면서 자연스럽게 사이트 워드를 익힐 수 있다.

• Step into Reading 1

• ORT 2단계

처음부터 책을 전집으로 살 필요는 없다. 동네 도서관에 웬만한 책은 다 구비되어 있으니 우선 빌려서 보고, 아이가 흥미를 보이며 적극적으로 읽으려 할 때 전집으로 구매하면 된다. 온라인 서점 중고도서 판매 코너, 온라인 카페 등에서 중고로 구매할 수도 있다.

아이가 영어 소리에 익숙해지게 하기 위해서는 음원이 필요하므로 오디오가 같이 있는 책을 구입하는 것이 좋다. 도서관에서 책을 대출할 때도 오디오를 같이 대출해서, 엄마와 함께 책을 읽은 뒤 흘려듣기나 듣고 따라 하기용으로 활용하도록 한다. 만약 오디오를 구하기 힘들다면 유튜브에서 'Read aloud' 라는 키워드와 함께 책 제목을 검색해서 원어민이 낭독한 영상을 찾아 아이에게 들려주면 된다.

'발음에 자신이 없는데 어쩌지……' 하는 부모들이 많지만 걱정할 필요 없다. 부모의 역할은 원어민 같은 발음으로 책을 읽어주어야 하는 것이 아니다. CD나 세이펜 등을 이용해 원어민 발음은 얼마든지 아이에게 들려줄 수 있다. 언어적인 인풋도 중요하지만, 엄마 아빠와 함께 책을 읽으면서 책과 더 친해지고 밀접한 교감을 나누는 것이 더욱 중요하다. 아이들은 모두 고성능의 언어 습득 장치를 갖고 있어서, 원어민 음성이 담긴 오디오 자료를 들으면서 보다 매끄럽고 자연스러운 발음을 습득할 것이다.

그림책이나 리더스북은 아이들뿐만 아니라 어른에게도 아주 좋은 영어 교재다. 문법책이나 기타 토익 토플 책 같은 곳에서는 배울 수 없던, 기본적이지만 원어민들이 많이 쓰는 살아있는 표현들을 배울 수 있다. 예를 들어, 원어민들은 go, get, have 등의 기본 단어를 가지고 다양한 문장으로 활용해서 쓰는데 이런 표현들이 리더스북에 많이 등장한다. 영어책을 접한 경험이 많지 않은 어른들은 이런 이유로 단어 활용에 어려움을 느낀다. 아이에게 책도 읽어 주고, 엄마 아빠 영어 공부를 하고, 책을 통해 아이와 교감도 쌓을 수 있다면, 그야말로 일석삼조다.

아이에게 책을 읽어 주기 전에 엄마가 미리 읽어보길 권한다. 그러면 엄마의 공부에도 도움이 되고 아이에게 읽어줄 때도 자신감이 생긴다. 엄실모에는 여러 개의 온라인 스터디 모임이 있다. 그중 '영어 그림책 읽기 모임'은 아이들에게 읽어주는 책으로 엄마 아빠도 함께 공부하면서 정보를 공유하는 곳이다. 엄실모 카페 '세혁세인맘' 님은 스터디에서 리더스북 읽기부터 시작해서 지금은 챕터북 낭독을 진행 중이다. 그 결과 엄마의 영어 실력이 좋아진 것은 물론 아이들도 스스로 챕터북을 읽을 수 있을 만큼 놀랍게 발전했다. 이처럼 읽기 독립 1단계에서는 엄마아빠의 역할이 절대적이다.

이 시기에 가장 중요한 것은 '영어 소리에 익숙해지기'다. 언어 감각이 좋아서 습득이 빠른 아이들은 영어 읽기가 어렵지 않지만, 대부분은 낯선 언어에 대해 거부감을 갖는다. 이때 아이에게 영어 읽기를 강요하면 오히려 거부이 심해질 수 있으니 주의해야 한다.

조급한 마음을 조금만 내려놓자. 대신 매일매일 아이를 영어에 노출시키면서 영어 듣기를 습관화하자. 엄마가 읽어주는 책을 CD로 다시 들어보고, 또 같은 내용을 틈날 때마다 흘려듣기 하면 자연스럽게 영어 소리에 익숙해진다.

이렇게 어릴 때 영어 듣기를 많이 한 아이들은 나중에 파닉스도 쉽게 깨우친다. 처음엔 소리와 그림을 매칭하지만 나중에는 익숙해진 영어 소리를 글자와 매칭하면서 파닉스 원리를 훨씬 쉽게 터득하게 된다.

유튜브 알파블록스 채널, ABC kids 같은 스마트폰 앱을 활용하면 아이들이 쉽고 재미있게 파닉스를 배울 수 있다. Starfall, Kidsclub 같은 인터넷 학습 사이트도 다양한 학습 활동을 제공하고 있으니 참고하자. 엄마와 함께 영어책을 읽고, 독후 활동으로 단어 몇 개씩을 골라 플래시 카드로 만들거나 포스트잇에 써서 방 안 곳곳에 붙인 뒤 오가면서 눈으로 보면 파닉스와 어휘를 더 쉽게 익힐 수 있다.

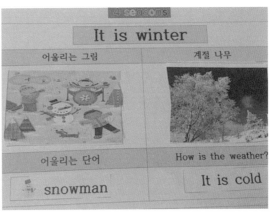

• 엄실모 카페 회원 맘 독후 활동 자료

1단계에서는 특히 학습적인 접근보다, 아이가 좋아할 만한 책을 찾아주기 위해 노력하는 것이 중요하다. 아이들은 자동차, 공룡 등 특정 주제 혹은 공주, 슈퍼히어로 등 캐릭터에 빠지면 놀라운 집중력을 발휘한다. 책 읽기를 거부하던 8세 희철이도 아이언맨이 등장하는 리더스북을 보여주자 신나게 읽기 시작했다. 아이에게는 아무 문제가 없었다. 다만 자기가 좋아하는 책을 만나지 못했기 때문이었다.

내 아이가 무엇을 좋아하고 싫어하는지 세상에서 제일 잘 알고 있는 사람은 엄마다. 바로 여기서 엄마표영어의 진가가 발휘된다.

노래와 음악을 좋아하는 아이라면 영어 동요를 활용하는 것이 좋다. 노부영처럼 책 자체가 모두 노래로만 되어 있는 것도 있다. 이밖에 주니어 네이버, 리틀팍스 유튜브 동요, 유튜브 키즈 등을 통해 신나게 노래를 따라 하다보면 영어를 즐겁게 익힐 수 있다. 영어 동요에 나오는 가사들이 훌륭한 영어 학습 자료다.

유튜브에서 'Kids songs' 라고 검색하면 Super Simple Song이나 아이들이 좋아하는 Cocomelon이 등장하는 수많은 영어 동요를 만나볼 수 있다. Days of the week 같은 노래를 통해 요일도 배우고, How's the weatehr today? 같은 노래로 다양한 날씨 관련 표현도 배울 수 있다. 차로 이동하는 시간, 간식 시간 등 시간 날 때마다 짬짬이 리더스북의 오디오나 영어 동요로 공간을 가득 채우자. 그러다보면 아이들 머릿속에 만들어진 영어의 방이 점점 더 커져가는 신기한 경험을 하게 될 것이다.

〈읽기 독립 1단계에서 읽으면 좋은 추천 도서〉	
Learn to Read 1~2	I am going to Read.
I can read (My first Biscuit)	Hello Reader 1
Scholastic Reader 1~2	Disney Fun to Read level K
Step into Reading 1~2	Green Light Readers Level 1
Usborne First Reading 1	Clifford Pack 1~3
Penguin Young Readers 1	Curious Gorge Phonics 시리즈
My First I can Read.	Oxford Reading Tree 1~3

2단계. '유창하게 읽기' 로 영어 자신감 키우기(AR 1~2)

1단계에서 영어 소리에 익숙해지고 엄마 아빠가 책을 읽어주어 책과 친해졌다면, 2단계는 아이 스스로 읽기 활동을 시작하도록 하는 단계다. 읽기 독립 2단계의 학습 목표는 '다독과 정독을 통해 1단계에서 시작해 온 파닉스를 완성하고, 낭독 연습을 통해 유창하게 읽는 힘을 키우는 것' 이다.

유창하게 읽기Reading Fluency란 적절한 속도, 정확한 발음으로 텍스트를 읽어내는 능력을 말한다. 미국의 국립읽기위원회NRP: National Reading Panel에서 확립한 읽기 발달의 순서는 다음과 같다.

읽기 독립 2단계는 중간 단계로서, 매우 중요하다. 읽기의 최종 목표인 독해Reading comprehension로 넘어가는 다리 역할을 하기 때문이다. 유창하게 읽을 수 있어야 최종 단계까지 갈 수 있는 여유와 능력이 생긴다. 주어진 영어 구문을 더듬더듬 힘들게 읽는다면 글의 내용을 파악하기는 역부족이다.

엄마표 읽기 독립 2단계에서는 다음과 같은 학습 활동을 적극 추천한다.

1) 다독과 정독으로 파닉스 자연스럽게 완성하기
1단계에서 영어에 충분히 노출된 아이들은, 2단계에서 집중 듣기와 듣고 따라 하기를 열심히 하면 따로 파닉스를 가르치지 않아도 저절로 읽기를 깨우치게 된다. 앞 단계에서 영어 소리와 그림을 매칭하며 영어에 익숙해졌다면, 2단계에서는 '다독' 과 '정독' 을 통해 소리와 글자를 자연스럽게 매칭할 수 있기 때문이다.

앞 장에서 강조했듯이, 파닉스를 학습적으로만 접근하는 것은 좋지 않다. 학원이나 학습지 회사에서 '파닉스 ○개월 완성' 을 내세우며 아이들에게 파닉스 규칙을 외우도록 하는데, 이런 암기식 학습은 자칫 아이들이 영어를 싫어하게 되는 원인으로 작용할 수 있다.

물론 기본 음가 등 기본적인 파닉스 규칙은 배우는 것이 맞다. 그렇다고 모든 규칙을 다 외울 수 없는 노릇이다. 예를 들어, A의 경우도 ant와 army에서 각각 다르게 발음되고, G도 gate와 gentle에서 다르게 소리 난다. 이 모든 것을 규칙으로 외워서 책을 읽는 데는 한계가 있다. 먼저 소리에 익숙해진 다음 정독과 다독을 통해 각각의 소리와 글자를 매칭하고, 그것이 익숙해지면서 서서히 파닉스를 완성해 가는 것이 바람직하다.

그래서 엄마표영어가 중요하다는 것이다. 사교육을 통해서 배우는 양으로는 턱없이 부족하다. 학원을 다니더라도 엄마표로 책 읽기를 병행해야만 읽기 독립이 더 빨리 가능하다는 걸 강조하고 싶다.

파닉스를 한 번 정리하고 싶다면, 책읽기와 함께 시중에 나와 있는 파닉스 교재를 병행하는 것도 괜찮다. 그중에서 〈스마트 파닉스〉는 엄마표영어를 하는 사람들 사이에서도 인기가 높다. 별도로 제공되는 학습 앱과 CD를 활용하면 더욱 효과적이다. 한 유닛이 끝날 때마다 나오는 사이트 워드로 구성된 리딩 부분을 여러 번 반복해서 들려주고 따라 읽기를 해보자.

듣고 따라 하면서 읽다보면, 신기하게도 아이가 혼자서 읽고 있는 모습을 보게 될 것이다. 물론 소리를 외워서 읽는 경우가 대부분이지만, 사이트 워드에 자기도 모르는 사이 익숙해진 것이다. 워크북으로 쓰기도 연습한다면 굳이 사교육 도움 없이 집에서도 얼마든지 파닉스 과정을 처음부터 끝까지 해나갈 수 있다.

어릴 적에 책을 열심히 읽어준 엄마의 노력 덕분에 엄실모 카페의 서윤이는 파닉스 학습 과정 없이 바로 스스로 책을 읽기 시작한 경우다. 바쁜 직장 맘이지만, 서윤이 어머니는 아이 스스로 책 읽기를 할 수 있는 시스템을 잘 만들어 활용하였다. 우선 일주일에 5~10권 정도의 책을 정해서 유창해질 때까지 여러 번 반복해서 읽게 했다. 처음엔 흘려 듣기로 먼저 소리에 익숙해지게 한 후 집중 듣기로 읽고 다시 같은 책을 소리 내어 낭독하기를 진행했다.

'천 권 도전판'을 만들어서 아이 혼자서 세이펜을 이용해 책을 읽은 뒤 읽은 권 수만큼 색칠하게 하면서, 성취감을 북돋웠다. 또 100권, 200권, 300권 등 목표를 정해놓고 성공할 때마다 적절한 보상으로 아이에게 동기를 부여했다. 리더스북은 얇아서 반복 읽기를 하면 하루에 수십 권도 읽을 수 있다. 아이의 성취감을 높이는 데 도움이 되므로 꼭 도전해보자.

"I know," said the girl.
"This is my pet.
Her name is Fly Girl."

• Fly Guy

2) 집중 듣기

집중 듣기란 CD나 세이펜을 이용해 귀로는 소리를 듣고 눈으로는 책을 읽어나가는 활동을 말한다. 손가락이나 볼펜 등으로 글자를 짚어가면서 읽으면 집중력이 높아진다. 이때 사이트 워드와 기본 단어는 어느 정도 알고 있어야 집중 듣기의 효과가 배가된다.

처음에는 엄마나 아빠가 아이 옆에서 지켜봐야 되지만, 습관이 되고 점점 스토리에 빠지면 나중에는 혼자서도 척척 잘한다. 엄마 아빠는 재미있는 책과 음원만 준비해주면 된다. 아이가 책으로 하는 집중 듣기를 힘들어하면 온라인 영어도서관을 활용한다. 스토리를 눈으로 읽으며 원어민이 실감나게 읽어주는 소리를 매일매일 듣게 해주면 된다. 그러면 집중듣기와 똑같은 효과를 볼 수 있다.

3) 듣고 따라 하기

듣고 따라 하는 방법에는 두 가지가 있다. 영어의 소리를 들으면서 바로 따라 하는 셰도잉연따과 한 문장씩 듣고 따라 하는 방법정따이다. 효과는 좋지만, 성인도 5분만 넘으면 목이 아프고 지칠 만큼 쉽지 않으므로, 한 번에 너무 긴 시간은 삼가자. 듣고 따라 말하기를 매일 1시간 넘게 하고 카페에 인증하는 아이가 있었는데 가끔은 힘들어 하는 것 같아 안쓰러웠다. 한 번에 오래해서 질리는 것보다 조금씩 자주 하면서 습관으로 만드는 편이 낫다.

듣고 따라 하기는 영어의 독특한 악센트와 인토네이션, 연음 현상 등을 자연스럽게 배울 수 있는 최고의 방법이다. 읽기 연습에도 좋지만, 듣기 및 말하기의 기초를 쌓기 위해 꼭 해야 하는 활동이다.

참고로 연음이란 "He is in the car"에서 'is in'이 한 단어izin처럼 들리는 현상이다. 우리말의 구개음화처럼 문장을 쉽게 읽기 위해서인데, 직접 따라 말해봄으로써 원어민들이 발음할 때 생기는 연음 현상을 쉽게 이해할 수 있다.

엄실모 카페에는 집중 듣기와 듣고 따라 하기를 체계적으로 실천하기 위해 표로 만들어놓고 매일 기록하는 열성파 엄마도 있다.

〈집중 듣기와 듣고 따라 하기를 체계적으로 실천하기 위한 표〉

표를 만든 뒤 날짜를 적고 하루에 몇 권 읽었는지, 집중 듣기와 듣고 따라 하기를 몇 분 했는지 등을 기록해놓는다. 한눈에 알아볼 수 있는 기록표가 있으면 어느 부분이 부족했는지, 꾸준히 하고 있는지 확인하기 쉽다. 하지만 이런 활동이 엄마에게 부담으로 작용한다면 굳이 할 필요는 없다. 바쁜 와중에 일일이 기록하기도 쉽지 않을 뿐만 아니라, 기록한 내용을 토대로 "오늘 왜 이거밖에 안 했니?" 하며 아이를 닦달하는 데 사용한다면 원래의 취지에서 벗어난다.

만약 동기 부여를 위해서 기록하고 싶다면, 듣고 따라 한 내용을 아이 스스로 녹음하게 해서 자신의 SNS나 온라인 카페에 인증하는 방법이 있다. 아이와 엄마 모두 재미있고 즐거워야 중간에 포기하지 않고 끝까지 완주할 수 있다.

4) 유창하게 읽기 위한 낭독 연습

영어 문장을 유창하게 읽기 위해서는 매일 낭독하는 과정이 꼭 필요하다. '유창하다'의 기준을 정하기 애매하지만, '영어책을 읽을 때 얼마나 정확하고 빠르게 읽어낼 수 있는가'를 일반적으로 기준으로 삼는다. 소리 내서 읽는 것을 들어보면, 아이의 영어 진행 정도를 금방 파악할 수 있다.

'책을 유창하게 읽는 게 큰 의미가 있을까?' 하고 생각하는 사람도 있다. 그러나 유창하게 읽지 못하면 단어를 해석하는 데 급급해서 글의 전체적인 의미를 파악하기 어렵다. 다시 말해, 글을 이해하는 능력이 떨어진다. 원어민의 경우 평균 읽기 속도는 분당 200~240단어라고 한다. 우리나라처럼 영어를 제2외국어로 배우는 상황EFL에서는 최소 1분당 100단어 이상 읽어야 영어책의 중심 내용을 이해하는 데 문제가 없다. 물론 이 속도를 더 높여야 보다 높은 수준의 영어책 읽기가 가능하다.

영어를 유창하게 읽기 위해 반복 만큼 좋은 방법이 없다. 아이에게 책 한 권을 세 번씩 읽혀 보자. AR1 점대 정도의 짧은 책일 경우 이때 스마트폰의 스톱워치 기능을 이용해서 읽는 시간을 기록한다. 첫 번째에 1분 걸렸던 아이가 두 번, 세 번 읽으면서 55초, 50초 등으로 속도가 빨라지면 재미도 느끼고 동기 부여도 된다. 만약 연거푸 읽어도 속도 면에서 큰 차이가 없더라도, 가끔은 속도가 빨라졌다고 말해주는 엄마의 센스를 발휘해보자.

"와, 열심히 읽으니까 속도가 점점 빨라지네. 우리 ○○이 최고다!" 하고 칭찬을 하면 정말로 말처럼 되는 기적을 경험하게 될 것이다.

목표 시간을 아이에게 정하도록 하고, 여러 번 연습한 뒤 시간을 재는 방법도 있다. 마치 게임처럼 재미있게 낭독 연습을 하다보면 유창해질 수밖에 없다. 매일매일 낭독 연습하는 것을 녹음해서 온라인 카페나 자신의 SNS에 업로드해놓으면, 아이가 발전하는 모습을 한눈에 확인할 수 있다.

⟨읽기 독립 2단계에서 읽으면 좋은 추천 도서⟩	
Fly Guy	Martha Speaks Readers
Scholastic Hello Reader 2	Green Light Readers Level 2
Step into Reading 2	Clifford Pack 4-6
Usborn First Reading 2	Ready to Read 시리즈
Arthur Starter	Henry and Mudge
Hello Reader 2	Poppy and Max
Penguin Young Reader 2	Little Critter First Readers 시리즈
All Aboard Picture Reader	Magic Reader 1 Smart Alec 시리즈
Oxford Reading Tree 4~6	Calendar Mysteries 시리즈

Ready to Read 1 시리즈 : Eloise	Curious George Green Light Readers
Ready to Read 1 시리즈 : Dora	Dr.Seuss, Beginner books
Ready to Read 1 시리즈 : Robin Hill School	Baby mouse
I can read Level 2	Elephant&Piggie

3단계. 읽기 독립의 기반 만들기(AR 2~3)

3단계에서는 본격적으로 독해 능력을 키워야 한다. 영어책을 소리 내서 유창하게 읽는 것에서 나아가, 읽는 내용을 이해하는 능력을 키우는 것이다. 영어 읽기 능력이라 함은 글자를 단순히 읽는 것뿐만 아니라 의미를 파악할 수 있어야 하기 때문이다.

물론 글자 읽기를 배우는 첫 단계부터 뜻까지 함께 익힐 수 있다면 더할 나위 없겠지만, 아이들에게는 쉽지 않은 일이다. 어쨌거나 읽기 독립 2단계 후반부터는 어휘가 중요해진다. 독해의 기본은 결국은 단어의 뜻을 아는 것에서 출발하기 때문이다. AR 2점대 후반부터는 삽화나 그림이 현저히 줄어들어서, 그전까지는 그림을 통해 대충 이해하던 아이들이 어휘 장벽에 부딪히면서 책 읽기를 힘들어한다.

따라서 AR 1점대부터는 사이트 워드 외에 최소한 약 500개 정도의 기본 단어를 알 수 있도록 도와주자. 문법이나 해석 등 지나치게 학습적인 접근은 곤란하지만, 대략적인 문장의 뜻이나 기본 단어는 짚고 넘어가는 것이 훨씬 유용한 접근법이다. 이렇게 기본 단어 학습을 시작해서 AR 2점대까지 최소한 1천 개 단어 이상을 습득해야 유창하게 읽고 의미도 파악할 수 있다.

어휘를 익히는 방법은 다양하다. 대표적으로, 다독을 통해 자주 접함으로써 자연스럽게 익히기, 읽은 책 중에서 중요 어휘를 노트에 정리하기, 어휘집을 따로 마련해서 하루에 5개 외우기 등이 있다. 어휘는 중요하므로, 아이가 싫어하지 않는 범위 내에서 가능한 모든 방법을 동원하는 것이 좋다.

동빈이는 리틀팍스 스토리를 공부한 뒤 따로 제공되는 단어장에서 소리를 들으며 따라 하는 식으로 단어 학습을 했다. 그리고 익숙하지 않은 단어를 골라서 단어장에 영어와 한글 뜻을 적고 주기적으로 복습하도록 했다. 맥락이 있는 스토리에서 공부한 단어라 그런지 더 쉽게 익힐 수 있었다. 그 외에 따로 어휘 공부를 하지 않았는데, 읽는 책의 수준이 높아지고 스스로 어휘의 필요성을 느끼면서부터는 어휘집을 직접 구입해서 단어 공부를 하고 있다.

엄실모 카페 자료실에 올려놓은 '초등 필수 어휘 1,000 단어'를 이용해보는 것도 추천한다. 쓰기 연습을 위해 줄 노트에 맞춰 쓸 수 있게 되어있고 테스트지도 있다. 르네상스러닝의 Accelerated ReaderAR 프로그램에서도 19만6천 권 이상의 방대한 도서를 기반으로 이해도 평가 퀴즈 Reading Practice Quiz, 어휘 퀴즈Vocabulary Practice Quiz 등을 제공하고 있다. 체계적인 책 읽기와 어휘 학습을 원한다면 이용해볼 만하다. 단 퀴즈 때문에 아이가 책 읽기의 즐거움을 빼앗기지 않게 잘 살펴야 한다.

읽기 독립 3단계에서는 본격적으로 책 읽기에 몰입하는 경험이 필요하다. 물론 아직까지 스스로 읽기에는 부족하므로, 엄마 아빠가 적극적으로 환경을 만들어주고 도와줘야 한다. 꾸준한 책읽기로 단어와 영어식 어순에 익숙해지면 아이의 머릿속에 조금씩 영어 엔진이 만들어지기 시작한다. 이때 아이가 좋아할 만한 책을 잘 골라서 매일매일 영어책을 읽을 수 있게 꼭 도와주자. 조금만 더 고생하면 아이 혼자서 스스로 읽는 '아이표영어'가 시작될 수 있다.

오랜 기간 동안 영어를 배우고도 늘 영어에 대해 울렁증이 있는 부모 세대로서 무엇이 문제인지 생각해볼 필요가 있다. 나를 포함한 대부분의 부모는 영어를 조각글로 배우면서 개구리 해부하듯 분석하며 공부했다. 다독을 통해 자연스럽게 어휘를 익히고, 영어 어순이나 문장 구조에 익숙해질 수 있는 기회를 갖지 못했다. 영어가 어렵게만 느껴지는 건 당연한 일이다.

엄실모 카페에 올라오는 고민 글 중에는 '영어를 영어 그대로 받아들

이고 싶은데 뒤돌아가서 해석하는 습관에서 벗어나기가 힘들다' 고, 고
칠 수 있는 방법이 있는지 묻는 글이 종종 올라온다. 부모의 공부 방식을
답습한다면 내 아이도 나중에 똑같은 고생과 고민을 하게 될 것이다.

읽기 독립 3단계에서는 반복해서 읽은 책, 온라인 도서관에서 읽은 책
도 권 수에 포함해서 1,500~3,000권 읽기
를 목표로 삼아보자. 다독과 어휘 익히기
를 병행하면서, 영어 어순에 익숙해질 수
있도록 영어 환경을 만들어주자. 그러다
보면 어느덧 영어 자립의 길에 들어서 있
는 내 아이의 모습을 볼 수 있다.

• Arthur adventure

〈읽기 독립 3단계에서 읽으면 좋은 추천 도서〉	
Oxford Reading Tree 7~9	Rockets step 1 시리즈
Step into Reading 3	Froggy 시리즈
Flat Stanley	Fancy Nancy 시리즈
Frog and Toad	Young Cam Jansen 시리즈
Scholastic Reader 3~4	Angelina Ballerina 시리즈
I can Read Level 3~4	Berenstein Bears Living Lights 시리즈
Judy Moody and Friends	Winne' s 시리즈
Arthur adventure	National Geographic Kids Readers

Amella Bedelia	Iris and Walter
Horrid Henry Early Reader	Gus And Grandpa
Magic Bone 시리즈	Mercy Watson
Hello Reader 3	Charlie and Lola
DK. Readers Level 2	Nate the Great
There Was An Old Lady 시리즈	Little Critter
If You Give a Mouse 시리즈	World Of Reading
Lady Who Swallowed 시리즈	Mr. Putter&Tabby

★ 영어 읽기 독립을 위해 꼭 필요한 '어순'에 익숙해지기

영어가 한국인에게 어렵게 느껴지는 이유 중 하나는 어순의 차이에 있다. 어순에서 가장 큰 차이는 동사의 위치다. 'I love you'라는 문장에서 보다시피 주어 다음에 바로 동사가 나온다. 동사가 문장의 끝에 오는 우리말과 다르다.

우스갯소리로 "우리말은 끝까지 들어 봐야 한다"는 말이 있다. "나는 어제 엄마랑 케이크를 사러 빵집에 갔다"는 문장을 두고 보았을 때, '갔다'라는 동사까지 들어야만 문장의 뜻을 완벽하게 알 수 있다. 그 이전까지는 빵집에 갔는지, 빵집에 가려고 했는지, 빵집까지 갔다가 그냥 왔는지 명확하지 않다. 반면 영어는 'I went ~'로 시작하기 때문에 '갔다'는 사실을 바로 알 수 있다.

영어의 경우 대부분 '주어+동사+나머지 추가 정보궁금한 순서로'의 순서대로 말하고 쓴다. "나는 어제 엄마랑 케이크를 사러 빵집에 갔다"는 문장을 영어 어순에 따라 영작해보자.

자, 우선 주어, 그리고 바로 동사를 얘기하면 된다.

I went 나는 갔다.

그런데 어디 갔는지……. 아, 빵집에 갔다.

I went to a bakery 나는 빵집에 갔다.

왜 갔을까? 케이크를 사러 갔다.

I went to a bakery to buy a cake 나는 케이크를 사러 빵집에 갔다.

누구랑? 엄마랑 갔다.

I went to a bakery to buy a cake with my mom 나는 엄마랑 케이크를 사러 빵집에 갔다.

언제? 어제.

I went to a bakery to buy a cake with my mom yesterday 나는 엄마랑 케이크를 사러 빵집에 갔다.

자, 이 문장을 세 번 크게 읽고, 눈을 감은 채 입 밖으로 소리 내서 말해보자. 단, 어순에 맞추어 '어디에 갔지? 왜 갔지? 누구랑 갔지? 언제 갔지?'를 속으로 물으면서 말한다. 그냥 외우는 것보다 훨씬 자연스럽게 외워질 것이다. 어순 감각에 대해 좀더 자세히 알고 싶다면《정철 영어 혁명》을 참고하기 비린다.

나 또한 어순을 감각적으로 체득하지 못한 탓에 영어를 읽을 때 뒤에서부터 해석하는 버릇이 있었다. 그래서 영어를 들으면서 바로 이해하지 못하고 문장이 끝나야만 뜻을 알 수 있었다. 인풋 자체에 버퍼링이 생기니 말하기, 쓰기 등 아웃풋은 꿈도 못 꿨다.

하지만 영어 어순의 차이점을 깨달은 뒤부터는 영어를 읽을 때나 들을 때 '주어+동사+나머지 추가 정보궁금한 순서' 로 이해하기 위해 의식적으로 훈련했다. 처음에는 어려웠지만, 꾸준히 훈련했더니 차츰 자연스러워졌다. 그리고 마침내 영어 어순을 체득하자 듣기와 읽기가 빨라지고 말하기와 쓰기도 훨씬 수월해지는 것을 느낄 수 있었다.

사실 학교에서 배운 5형식 문장들도 이처럼 '주어+동사+나머지 추가 정보궁금한 순서' 의 어순을 기억하면 훨씬 더 쉽게 이해할 수 있다.

성인들은 이렇게 의식적인 노력으로 영어식 어순 감각을 익혀야 하지만, 아이들은 다르다. 충분한 듣기와 읽기 독립 1단계부터 많은 책을 접한 아이들은 읽기 독립 3단계 쯤 이르면 저절로 영어식 어순 감각이 생긴다. 초등 고학년 등 조금 늦게 시작한 아이라면 위의 방법대로 우리말과는 다른 영어 어순에 대해서 설명해주면 도움이 될 것이다. 너무 지엽적인 문법지식을 공부하는 것 보다 영어 어순 감각을 익히는 게 훨씬 더 중요하다. 이렇게 우리말과 영어 어순의 차이점을 이해하는 것과 더불어 영어책 읽기, 영상 보기 등 다양한 인풋과 함께 꾸준히 낭독, 한영 스위칭 연습 등 말하기 훈련을 꾸준히 하면 영어 실력에 획기적인 발전을 이룰 수 있다.

4단계. 아이표영어의 시작! (AR 3~4)

산에 오르다보면, 도대체 언제쯤 정상에 도착할 수 있을지 막막할 때가 있다. 특히 숲속 길을 걸으면서 정상이 보이지도 않을 때는 더하다. 그러다가 산 중턱쯤 전망이 탁 트인 곳에 도달하면 시원하게 펼쳐진 풍경을 내려다보며, '한 걸음 한걸음이 모여 어느새 이곳까지 왔구나' 싶은 생각이 든다. 정상이 바로 눈앞에 보이는 것 같아 흐뭇하다.

엄마표영어의 첫 번째 목적지인 읽기 독립 4단계에 이르면 아마 비슷한 감정일 것이다. 4단계에서는 엄마표에서 한 걸음 더 나아가, 아이표영어가 본격적으로 시작된다고 보면 된다. 이때부터는 엄마나 아빠의 도움 없이 스스로, 독립적으로 책을 읽는 것이 가능하다.

4단계는 본격적으로 읽기, 즉 책 내용 자체에 빠지는 시기라고 볼 수 있다. 앞의 단계보다 본격적으로 글밥이 많아지는 것은 물론 글씨도 작아진다. 그간 읽던 컬러풀한 리더스북이 아닌, 다양한 주제의 챕터북이 여기에 해당한다. 챕터북이란 책의 구성이 여러 개의 장챕터으로 구성으로 이루어진 책을 말하는데, 보통 미국 초등학교 2, 3학년 때부터 많이 읽는다. 평균 60~120페이지 분량으로 리더스북보다 훨씬 길지만, 소설보다는 짧고 쉬운 문장으로 되어 있다. 삽화는 있지만, 매 페이지마다 있는 것은 아니다.

• Magic Tree House

　챕터북의 경우 같은 주인공이 다양한 에피소드를 만들어가는 시리즈물로 되어 있는 경우가 많다. 〈Magic Tree House〉, 〈Arthur, Horrid Henry〉, 〈Andrew lost, Judy Moody〉 등의 책에서 아이들이 좋아하는 캐릭터가 있다면, 전체 시리즈에 흥미를 가지고 읽을 수 있어서 독서 습관 형성에 많은 도움이 된다. 아직 혼자 읽기가 버겁다면 오디오북으로 집중 듣기를 한다. 그리고 집중 듣기 한 책을 다시 묵독으로 읽게 한다. 이렇게 묵독으로 읽은 책을 또 다시 흘려 듣기로 틈나는 대로 들려주면,

책에서 읽었던 단어 표현이나 문장을 습득하는 데 많은 도움이 된다.

아이가 아직 책 읽기 습관 정착이 덜 되서 책 읽기를 부담스러워 한다면, 영상으로 만들어진 자료를 함께 활용하도록 하자. 예를 들어, 〈Arthur〉같은 책들은 유튜브에 동일한 제목의 애니메이션으로도 올라와 있다. 〈Charlie and Chocolate Factory〉, 〈Holes〉 등 더 높은 단계의 챕터북도 영화로 만들어져 있어서, 영화를 먼저 보여주어 아이에게 관심을 끌 게 할 수 있다. 재밌는 스토리에 흥미를 느낀 아이들이 책으로도 읽고 싶게 만드는 동기 부여도 되고 책을 읽을 때에도 내용을 이해하기가 쉬울 것이다.

물론 책 읽기 습관이 잡힌 아이들은 영화를 보여주기 전 책을 먼저 읽게 하는 편이 훨씬 낫다. 다음에 전개될 스토리가 궁금해서 아이들은 마지막 책장을 넘기기 전까지 손에 땀을 쥐고 읽을 것이다. 그리고 책을 읽으며 영화의 장면 보다 더 멋진 상상의 나래를 펴게 될 것이다.

읽기 독립 3단계까지 엄마와 아빠의 도움을 받으며 책 읽기를 해 왔다면 읽기 독립 4단계부터는 이제 아이 스스로 책 읽기를 즐기는 진정한 책 읽기 독립 단계로 들어갈 수 있어야 한다. 고지가 얼마 남지 않았다. 앞에서 소개한 책 읽기 습관 만들기 팁들을 실천해서 아이들이 읽기 독립을 꼭 이룰 수 있도록 도와주기를 바란다. 아이들에게 인생의 가장 큰 선물이 될 것임을 확신한다.

〈읽기 독립 4단계에서 읽으면 좋은 추천 도서〉

Magic Tree House	Magic Ballerina
Usborne Young Reading 3	Daisy and the Trouble
Tacky the Penguin	Jake Drake
My weird school	Magic Kitten
Cam Jansen	Sarah, Plain and Tall
Arthur Chapter Book	A Stepping Stone Book
The magic School Bus	Ready Freddy
Winnie the Witch Chapter book	Perfectly Princess
Goosebumps	Stink
Judy Moody	Ivy and Bean
A to Z Mysteries	George Brown, Class Clown
The Tiara Club	Wayside School
Andrew Lost	The Boxcar Children
Rainbow Magic	Alvin Ho
Marvin Redpost	Time Warp Trio
Seriously Silly Colour	The Twenty-One Balloons
Horrid Henry	The 13-Story Tree House
The Zack Files	
Junie B. Jones	
Big Nate	
Geronimo Stilton	
Nancy Drew and Club Clue	
Dirty Birtie	

5단계. 다양한 영어 원서 읽기로 넓은 세상 배우기(AR 4~5)

아이표 영어가 시작돼서 혼자서 책을 읽기 시작하면, 그때부터 부모는 아이가 좋아할 만한 책들을 계속 주기만 하면 된다. 재미있는 한글책을 읽을 때 공부라고 생각하지 않는 것처럼 영어책도 마찬가지다. 책 읽기의 즐거움을 알기에 매일 스스로 읽기가 가능하다.

동빈이에게 책 읽는 습관 만들어주기가 쉽지 않을 때, 성공적인 입문의 계기가 된 책이 한 권 있다. 엄마표영어를 앞서 실천했던 분께 자문을 구해서 알게 된 《Captain underpants》다.

• Captain underpants

시리즈를 전부 다 사주었는데, 동빈이는 몇 번씩 읽고 또 읽었다. 그러더니 같은 작가가 쓴 《Dog man》을 검색해서 그것도 사달라고 졸랐다. 그리고 《Dog man》 시리즈 역시 수도 없이 읽었다.

이처럼 아이들은 책 내용에 흥미를 느끼면 스스로 읽기 시작한다. AR 4~5 단계가 되면 책이 더 두꺼워지고 어휘 수준도 높아지지만, 앞 단계까지 착실하게 책을 읽어왔다면 쭉쭉 읽어나갈 수 있다. 물론 어휘의 뜻과 문장을 100% 이해하는 것은 아니다. 원어민 고학년들이 읽는 책이기에 문장구조도 훨씬 복잡하고, 특히 그 문화권에 살기 전에는 도저히 이해가 안 되는 단어나 표현이 있게 마련이다. 하지만 성인들이 우리말로 신문이나 전문서적을 읽을 때 모르는 말이 나와도 대략 내용을 이해하듯이 아이들도 그렇다.

우리 아이들은 '독해'가 아닌 '독서'를 할 수 있게 환경을 만들어주었으면 한다. 독해와 독서의 차이는 단순히 글자의 뜻만 이해하거나 문제 풀이를 위한 해석 연습에 머무르지 않고 행간에 숨어 있는 책 읽기의 진짜 즐거움을 아는 것이다.

엄실모 카페의 준이는 책 읽기를 좋아해서, 학교 가기 전에 30분 이상 독서를 하고 간다고 한다. 지금 초등3학년 밖에 되지 않았는데, AR 4~5단계의 책들도 거침없이 읽는다. 아이의 수준보다 어려운 책들은 대부분 오디오북으로 집중 듣기를 하며 읽는다고 한다. 오디오북을 이용하면 자기 수준보다 어려운 수준의 책들도 부담 없이 읽을 수 있다.

준이는 예전의 동빈이처럼 코믹한 이야기만 골라 읽는 게 아니라, 다양한 분야의 책을 골고루 좋아한다. 《샬롯의 거미줄Charlotte' s Web》을 읽고 감동 받았다는 것을 보면, 독해가 아니라 진정한 독서를 하는 아이이다. 이처럼 책 읽기를 하면, 영어라는 언어뿐만 아니라 책을 통해 지혜와 더 넓은 세상을 배울 수 있다. 《Stonefox》에서는 가족의 소중함을, 《Holes》에서는 인내와 절제의 중요성을 간접 경험할 수 있다. 학원에서 배우는 시험용 독해 연습을 위한 조각글로는 불가능한 것들이다.

엄실모 카페에서 다독을 위한 천 권 읽기를 진행하면서, 다행히 동빈이의 독서 편식 습관은 많이 좋아졌다. 《Sarah, Plain and Tall》, 《Hunrded dresses》와 같은 따뜻하고 감동적인 이야기나, 로알드 달의 교훈적인 이야기들도 재미있게 읽게 되었다. 독서 습관이 자리 잡힌 덕분에 요즘은 학교에서 오자마자 책을 펼치고 자기 전에도 항상 책을 읽는다. 아이에게 책을 골라주면서, 부모도 원서 읽기에 도전해보면 어떨까? 엄실모 카페에서 엄마들을 대상으로 《어린왕자》 원서 읽기를 진행했는데 반응이 뜨거웠다. 어렵게 느껴진다면 번역본을 보면서 읽어나가도 좋다. 매일매일 조금씩 읽고, 낭독하면서 녹음해보고, 들어본 뒤 다시 한 번 반복해서 읽는 과정을 통해 영어 원서와 조금씩 친해질 것이다. 책의 행간에서 의미를 찾으며 읽는다면, 독해에만 머물러 있던 영어의 지평이 넓어지면서 영어 원서 읽기의 매력에 빠지게 될 수도 있다. 오늘부터, 쉬운 책부터 도전해보자.

• Wimpy Kid

〈읽기 독립 5단계에서 읽으면 좋은 추천 도서〉

Horrible Harry	Million Dollar
Horrible Science	The Just Grace Stories
Horrible History	The Heros of Olympus
Horrible Geography	The Sisters Grimm
Dinosaur Cove	Ramona
Who was? 시리즈	The Little House
Captain underpants	Redwall
Murderous Math	Franny K. Stein Mad Scientist
Star Wars : Jedi Academy	Rules for Girls
Timmy Failure	Spy Dog
Wimpy Kid	Goddes girls
Encyclopedia Brown	Rules for Girls
The Anne of Green Gables Novels	Holes
Captain Awesome	Frindle
DK Readers 3-4	Spy Dog 시리즈
A Shakespeare Story	Nerds 시리즈
Roald Dhal 시리즈	Dragon Rider
39 Clues	Charlotte's Web
Jack Stalwart	Number the Stars
Seriously Silly Stories	Bridge to Terabithia
Flat Stanley's Worldwide Adventure	Maniac Magee

6단계. 아이표영어의 완성(AR 5~6이상)

정상이 이제 눈앞에 보이기 시작하는 단계다. 엄마표영어를 처음 시작할 때는 '이 방법으로 정말 영어가 될까?' 의심도 되고 걱정도 많았을 것이다. 잘하고 있는지 즉각적으로 드러나지 않아서 회의가 든 적도 있을 것이다. 하지만 영어는 마라톤이다. 한 걸음, 두 걸음 아이와 함께 걷다 보면, 분명히 결승점에 도달할 수 있다.

영어가 사고와 논리를 요구하는 고등학문이라면 누구나 잘하는 것은 불가능하겠지만, 영어는 언어일 뿐이다. 영미권 아이가 말을 배울 때처럼, 충분한 영어의 경험을 쌓아준다면 당연히 잘 할 수밖에 없다. 하지만 노트에 단어 스펠링 써가며 외우기, 개구리 해부하기 식의 문법 공부와 독해 공부로 접근한다면 영어의 지식은 쌓일지 몰라도 한글 책처럼 편안하게 읽는 영어 독서나 유창하게 영어로 말하기는 어려울 것이다.

충분한 듣기와 책 읽기, 영어 영상 보기로 자연스러운 인풋이 쌓여야, 챕터북도 읽을 수 있고 영어 말하기와 쓰기도 가능해진다. 이때 중요한 것은 임계량이다. 물이 끓으려면 100도가 되어야 하듯, 영어도 유창하게 하려면 임계량에 도달해야 한다. 그런데 안타깝게도 '내 아이는 아닌가 봐' 또는 '이 방법으로 정말 되겠어?' 하면서 중간에 그만두는 경우를 종종 보게 된다.

《Fluent Forever》의 저자 게이브리얼 와이너Gabriel Wyner는 오페라 가수이자 6개 국어를 유창하게 구사하는 '외국어 공부의 달인' 이다. 그는 이 책에서 오페라 가수들이 사용하는 방법, 즉 의미를 생각하지 않고 앵무새처럼 발음을 정확하게 흉내 내는 방법으로 시작해 가장 빠르고 효과적으로 외국어를 습득하고 잊지 않는 방법을 알려준다.

첫째 발음 먼저 익힐 것, 둘째 번역하지 말 것, 셋째 간격을 두고 반복할 것 등을 강조한다. 그러면서 학습 초기에는 소리, 단어, 문장 순서로 익숙해지는 것이 중요하다고 말한다.

이 책에 따르면 '연상' 과 '기억' 이 어떤 식으로 작동하는지를 헤아리는 것이 핵심이다. 어휘나 문법을 배우기 전 새로운 단어의 발음에 익숙해지는 것이 가장 중요하다. 그리고 머릿속에서 이미지를 매칭하면서 보다 구체화시킨다. 즉, 새 낱말을 배울 때 우리말 번역이 아니라 '소리' 를 '그림' 과 연결해야 한다는 것이다. 읽기 독립 1단계에서 먼저 소리에 익숙해지고, 읽기 독립 2단계에서 소리와 글자를 연결하면서 파닉스를 완성해나가는 과정과 비슷하다.

이렇게 소리와 단어 그리고 문장을 익힌 다음 읽기 독립 3단계까지 다독을 통해 영어식 어순에 익숙해지고 단어도 확장하면서 거침없이 읽고 유창하게 말할 수 있는 토대가 만들어진다. 이렇게 책 읽기 독립의 튼튼한 기초가 만들어진 다음부터는 AR 5~6점대의 책까지도 부담 없이 쭉쭉 읽어 나갈 수 있게 된다.

동빈이의 경우 6학년 때 렉사일 점수가 845점으로, AR로 환산해보면 5.4 정도였다. 그리고 최근에 시험삼아 본 대형어학원의 레벨 테스트에서는 AR 8~9점대의 점수가 나왔다. 초2 말까지 알파벳도 헷갈리고 초3이 되어서야 영어를 시작해서 지금까지 커다란 발전이다.

영어 교육 전문가들은 AR 3~6점대의 책들을 천 권 정도 읽으라고 조언하는데 앞으로도 꾸준히 책을 읽어나갈 계획이다. 중학교 졸업할 때까지 《Guns, Germs, and Steel총,균,쇠》같은 수준의 책들을 읽을 목표를 세우고 있다. 초등 졸업 전까지 읽기독립 6단계의 책들을 읽을 수 있다면, 수능 영어를 풀 수 있는 충분한 기본 역량이 갖춰지는 것이니 책읽기에 열심히 도전해 볼 만하다.

이렇게 만든 독서습관으로 중학교에서도 계속 영어 독서를 해나가서 독서 수준을 조금 더 높여 나간다면, 수능 뿐 아니라 TEPS 나 TOFEL 같은 인증시험에서도 고득점을 받을 수 있는 실력이 갖출 수 있게 되니, 영어책 읽기의 힘은 정말 대단하다.

2021 수능 만점자도 한 매체와의 인터뷰를 통해 자신의 공부 비결로 '꾸준한 독서'를 꼽았다고 한다. 독서를 통해 문해력을 높인 게 공부의 기본이 됐다는 이야기다. 영어시험도 마찬가지다.

영어 교육 시기가 빨라져서 그런지, 요즘에는 '아이가 8세인데 영어를 시작하기에 너무 늦지 않았나요?' 하는 사람도 있다. 8세면 초등학교 졸업 때까지 무려 6년이라는 시간이 있다. 초등학교 4, 5학년이라고 해도 늦지 않았다. 요즘에는 중학교 1학년도 자율학기제라 중1 때까지도 엄마표영어로 책 읽기와 영상 보기를 통해 충분히 영어 공부가 가능하다.

중학생은 물론 고등학생, 심지어 대학생과 성인도 영어를 제대로 공부하고 싶다면, 엄마표영어 방식으로 공부해 볼 것을 추천한다. 아쉬운 점은 중·고등학생이 되면 영어 외에 다른 과목에도 신경을 써서 내신 관리 및 수행평가 등을 치러야 하기 때문에 시간이 부족하다. 그래서 상대적으로 시간 여유가 있는 초등학교 시절에 영어의 기본 틀을 만드는 게 아주 중요하다.

우리나라 영어시험은 문제풀이 스킬과 시험을 위한 지식을 늘리는 데는 유용하지만 전체적인 영어 능력을 평가하기에는 역부족이다. 그러므로 이에 대한 준비도 필요하다. 예를 들어, 중학교 영어시험에서 좋은 성적을 받으려면 교과서 암기는 기본이고 기출문제도 풀어보는 것이 좋다. 단원에서 제시되는 문법 관련 용어를 정확히 익히고 응용문제도 풀어봐야 한다. 영어 듣기와 독서에 많은 시간을 들여서 이미 영어 엔진이 만들어진 엄마표영어 아이들은 기본기가 탄탄하기 때문에 그리 어렵지 않을 것이다.

요즘 일부 학교에서는 교과서 이외의 단어들도 프린트 형태로 공부한 뒤 시험에 출제하는데 다독을 통해 이미 많은 단어를 알고 있다면 아무 문제없다. 또한 아웃풋 연습도 열심히 했다면, 영어 말하기 수행평가나 서술형 문제주관식에서도 좋은 점수를 받을 수 있을 것이다.

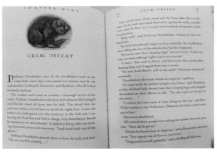 

• 《Harry Potte》 시리즈

초등학교 졸업 때까지또는 중학교 1학년까지 AR 5~6점대 또는 그 이상의 책들을 어려움 없이 읽을 정도의 역량이 생긴다면, 중·고등학교에서도 영어 때문에 큰 부담을 느끼지 않는다. 다른 친구들은 문법 배우고 단어 외우러 영어 학원 다닐 시간에 재미있는 영어 소설을 읽고 넷플릭스에서 미드와 영화를 즐길 수 있는 것이다. 영어 공부에 쏟을 시간을 확보한 만큼 수학 등 다른 과목에 더 집중할 수 있어서 내신 성적 관리와 입시에서도 유리한 고지를 점령할 수 있다.

물론 영어 한 과목만 잘한다고 해서 모든 것이 해결되지는 않지만, 영어 공부에서 성공을 경험한 아이들은 다른 과목도 잘할 확률이 높다. 소위 성공의 도미노 효과 때문이다. 영어는 언어이기 때문에 시간과 노력이 많이 필요하다. 그것을 견디지 못해서 많은 아이들이 중간에 영어를 포기한다. 하지만 엄마표영어로 꾸준히 영어를 진행하면서 실력이 어떤 방식으로 향상되는지 경험해본 아이들은, 다른 과목도 비슷한 방법으로 공부하면 된다는 것을 알고 있다.

동빈이도 영어를 공부했던 방법으로 중국어를 공부하면서 많은 성과를 얻었다. 요즘에는 아랍어에도 관심을 보이고 있다. 심지어 예전에는 그렇게 싫어했던 우쿨렐레의 실력도 눈에 띄게 좋아졌다. 매일 낭독과 스토리 서머리를 했던 것처럼, 우쿨렐레도 매일 연습하는 것이 중요하다는 것을 알게 된 듯하다. 모르는 영어 단어가 나오면 스스로 찾아보고 유튜브도 보면서 공부했듯, 유튜브에서 우쿨렐레 연주법을 검색해서 영상대로 따라 하면서 연습하곤 한다. 이렇게 자기주도학습으로 틈날 때마다 연습하니 실력이 늘 수밖에 없다.

교육학 용어 중에 '영 교육 과정'이라는 말이 있다. 정식 교육 과정 속에 포함되어 있지는 않지만, 학교에 다니면서 지식을 쌓는 것 외에 인간관계 맺기, 인내와 절제 등을 자연스럽게 배우게 된다는 것이다. 엄마표영어도 그런 것 같다. 비록 영어 공부를 위해 시작했지만 그 과정에서 아이도, 부모도 삶을 살아가는 데 필요한 중요한 것들을 함께 배우게 된다. 엄마표영어에서 시작해서 아이표영어의 완성까지, 꼭 도전해봐야 하는 또 다른 이유다.

〈읽기 독립 6단계에서 읽으면 좋은 추천 도서〉	
Harry Potter	Thimble Summer
The Hunger Games	The Story of the World
Percy Jackson The Tower of Nero 등	What was Warriors : The Prophecies
Cornelia Funke 작품 Dragon Rider 등	Begin
Laura Ingalls Wilder 작품 The Long Winter 등	The Mysterious Benedict Society
	A Series of Unfortunate Events
Alex Rider 시리즈 Secret Weapon 등	Giver
Narnia 연대기 The Silver Chair 등	Stuart Little
A Long Way from Chicago : A Novel in Stories	River boy
	The Real Thief
Mr. Popper' s Penguins	City of Ember
A Single Shard	Bud, Not Buddy
Hatchet	Tuesdays with Morrie
Moon Over Manifest	Momo
The Egypt Game	Star Wars
Tuck Everlasting	Adam of the Road
Time Quartet 시리즈	Dead End in Norveit
Hoot	Animal Farm
Island of the Blue Dolphins	Empire of the Ants
Criss Cross	

동영상으로 살아있는
영어 표현 익히기

"아이에게 영어 영상을 보여줘도 될까요?"

카페에 종종 올라오는 질문이다. 엄마표영어는 책 읽기로만 진행해야 한다는 선입견이 있는 듯하다. 물론 책읽기 습관은 두말할 필요 없이 너무 중요하다. 하지만 처음 영어를 시작할 때 책 읽기 또는 집중 듣기를 힘들어 하는 아이들이 있다. 경험으로 봤을 때, 꼭 책으로만 집중 듣기를 할 필요는 없다. 아이가 좋아하는 DVD의 영상과 소리를 들으며 자막 읽기를 하는 것도 훌륭한 집중 듣기 활동이 되기 때문이다. 그리고 영어를 처음 접하는 아이들이 영어 소리에 익숙해지기 위한 흘려듣기에도 영어 영상은 매우 효과적이다.

요즘 유튜브가 대세라서 그런지, 유튜브를 활용해서 엄마표영어 학습에 활용하는 경우도 많이 있다. 유튜브가 나오기 전에도 이미 DVD 등 영어 영상을 활용해서 영어 학습에 성공한 이야기들이 책을 통해서 종종 소개된 바 있다. 예를 들어,《산골 소년 영화만 보고 영어 박사 되다》의 저자 나기업 군도 사교육 없이 〈토이스토리〉를 수백 번 보면서 학습했다. 그는 1년 만에 중 · 고등학교를 검정고시로 패스하고, 14세 때 토익 시험과 영어 면접을 거쳐 한남대학교 린튼 글로벌 칼리지 최연소 합격자가 되었다. 린튼 글로벌 칼리지는 국제 전문가를 양성하기 위해 설립된 단과대학으로, 전 과목을 원어민 교수가 영어로 강의한다고 한다.

세상이 변하면 학습 방법도 달라져야 한다

엄마표영어를 처음 진행할 때 주요 인풋을 영상으로 할지, 책으로 할지, 그 답을 갖고 있는 것은 아이 본인이다. 부모는 아이의 성향을 잘 살펴서, 아이가 재미와 흥미를 느끼는 쪽으로 진행하면 된다. 개인적인 의견을 한마디 덧붙이자면, 아이가 거부하지 않는 한 책 읽기에 더 주안점을 두고 영상은 주말 등 자유 시간에 보상의 개념으로 보게 하거나 흘려듣기용으로 활용하는 것이 좋을 듯하다.

외국어 학습의 종착지는 결국 '책 읽기' 다. 원서 다독을 통해 생각의 힘을 기를 수 있고, 장래에 아이들이 치러야 할 각종 시험도 결국은 리딩 능력과 직결되어 있기 때문이다.

하지만 영어를 아직 읽을 수 없는 아이들의 경우 영어 영상은 영어에 대한 흥미를 높이는 데 훌륭한 도구가 된다. 우선은 영어 소리에 익숙해 져야 영어 읽기를 할 때 어려움이 없다. 예를 들어 〈토이 스토리〉 영화를 보고 'toy' 가 '장난감' 이라는 뜻을 알게 되면, 나중에 영어로 된 글을 읽을 때 별 어려움 없이 이해할 수 있게 된다. 아이들이 재미있는 영어영상을 접하기 위한 방법으로 넷플릭스와 유튜브 키즈를 추천한다.

유튜브는 알파블록스파닉스 배우기 채널, 슈퍼 심플송, 페퍼피그 등 유명 채널을 활용하는 것도 좋지만, 개인방송의 장점을 살려서 아이의 관심사에 맞는 영상을 찾아보도록 하자. 예를 들어, 페파피그를 재미있게 본 후 "How to draw Gelard and Piggy" 를 검색하면, 페파피그의 주인공을 그리는 강의 영상을 볼 수 있다. 영어로 된 설명을 들으며, 자기가 재미있게 본 주인공을 직접 그려본다면 아이는 영어를 공부가 아닌 놀이로 받아들일 게 분명하다.

동빈이도 레고 만들기 영어 영상을 보면서 직접 만들어 유튜브에 올리기도 하고, 코딩 영상을 보며 간단한 게임을 만든 적이 있다. 자동차에 빠졌을 때는, BBC의 "Top Gear" 라는 프로그램을 거의 다 찾아서 봤다.

아이가 게임에 빠져있어서 걱정스럽다면, 마인크래프트나 로블록스 같은 게임 방송을 유튜브 채널을 보여주는 게 어떨까? 영어가 '학습' 이라는 고정관념을 깨고 '언어' 라는 관점에서 접근 하면, 아이는 영어에 흥미를 갖고 집중하게 될 것이다. 화상영어를 통해 알게 된 유럽권 강사들과 이야기해보니, 온라인 게임을 통해 다른 나라 사람들과 소통하며 영어를 배웠다는 경우가 상당수 있었다.

세상이 급격하게 변하는 만큼 학습 방법도 따라서 변화할 수밖에 없다. 과도한 미디어 노출은 주의하되, 너무 앞선 걱정보다는 아이에게 가장 잘 맞는 방법이 무엇일지, 어떤 내용을 아이가 좋아하는지 살펴보자. 흥미와 재미를 느끼지 못하면, 엄마가 아무리 노력해도 아이는 따라오지 않을 것이다.

■ 넷플릭스 어린이 TV시리즈 목록

제 목	회차정보	내 용
유아 TV시리즈		
뽀로로	시즌3 13화, 시즌4 13화	꼬마 펭귄 뽀로로와 친구들이 펼치는 신나는 모험 이야기
타요	시즌1 13화	꼬마 버스 타요가 같은 버스 친구들인 로기, 라니, 가니와 함께 성장해 가는 이야기
로보카폴리	시즌1 26화, 시즌2 26화, 시즌3 26화, 시즌4 26화	경찰차 폴리, 힘센 소방차 로이, 영리한 구급차 엠버, 재빠른 헬리콥터 헬리가 한 팀을 이룬 구조대 이야기
부릉부릉 브루미즈	시즌1 26화, 시즌2 26화, 시즌3 26화	날마다 즐거움과 모험이 가득한 지피시티. 멋진 동물 자동차 친구들의 이야기
띠띠뽀 띠띠뽀	시즌1 13화	세계 최고의 기차가 되는 것이 꿈인 꼬마기차 띠띠뽀. 기차마을 친구들과 함께 신나는 모험을 펼치며 세상에 대해 배워나간다.

출동슈퍼윙스	시즌1 52화, 시즌2 52화	밝고 명랑한 택배비행기 호기. 세계 곳곳으로 날아가 선물도 전해주고 문제도 해결해준다.
마더구스 클럽	시즌1 5화	아이들이 노래를 따라 부르고 춤을 추며 고전 자장가와 동요를 배우는 TV쇼
포코요	시즌1 13화, 시즌2 13화	귀여운 캐릭터와 다채로운 색상이 돋보이는 유아용 애니메이션 시리즈
칩과 포테이토	시즌1 13화	귀여운 강아지 칩과 칩의 비밀친구 포테이토. 유치원생이 되며 겪는 칩의 성장 이야기
미니특공대	시즌1 52화	귀여운 동물 모습을 한 네 명의 최강전사 미니특공대 대원.작고 힘없는 친구들을 보호하기 위해 로봇으로 변신해 악당을 물리친다.
출동! 유후 구조대	시즌1 26화	숲속에 마법이 펼쳐지면 모험을 떠날 시간! 도움이 필요한 동물이 있다면 아무리 힘든 임무도 척척. 유후 구조대의 신나는 도전이 시작된다.
출동! 파자마 삼총사	시즌1 26화	잠옷 입은 세 꼬마. 낮에는 평범한 어린이지만 해가 지면 용감한 영웅으로 변신한다.
워드파티(신나는 글자 축제)	시즌1 14화, 시즌2 14화, 시즌3 14화	코끼리, 치타, 왈라비, 판다 네 마리의 아기 동물들과 함께 춤추고 노래하며 단어를 익힐 수 있는 교육용 애니메이션. 3세 이상 유아용
다이노 트럭스	시즌1 10화~시즌56화 총52화	반은 공룡, 반은 트럭인 자이언트 타이럭스 일행과 함께 나쁜 디스트럭스를 무찌르러 여행을 떠나자.
행복한 퍼핀 가족	시즌 1 13화, 시즌 2 13화	코뿔바다오리 퍼핀 가족의 이야기. 아일랜드에서 만든 애니메이션으로 브리티시 악센트와는 또 다른 아일랜드 악센트로 영어를 들을 수 있다.
페파피그	시즌2 13화, 시즌3 6화, 47화	용감한 아기 돼지 페파와 가족들, 친구들의 평범하지만 웃음과 배움이 넘치는 삶을 소개한다.
맥스앤루비(토끼네 집으로 오세요)	시즌1 13화, 시즌2 13화	세 살배기 버찌와 버찌를 돌보는 누나 앵두. 귀여운 토끼 오누이의 유쾌한 일상
꾸러기 상상여행	시즌 20화	노래와 춤을 좋아하는 다섯 마리의 동물 친구들이 상상력을 활용해 마법의 장소에서 신나는 모험에 나선다.

꼬마 탐정 토비 & 테리	시즌1 10화	한국과 미국의 공동 제작. KBS 방영. 곰돌이 탐정 쌍둥이 남매 토비와 테리가 일상에서 벌어지는 갖가지 미스터리를 풀어가는 스토리
마샤와 곰	시즌1 9화, 시즌2 8화	밝고 귀여운 꼬마 마샤와 서커스에 있었던 곰. 두 친구의 우정과 모험 이야기
키즙스	시즌1 7화,시즌2 7화, 시즌3 12화	몬티와 애완용 돼지 지미 존스 그리고 몬티 가족들의 따뜻한 일상 이야기
트루와 무지개 왕국	시즌1 10화, 시즌2 4화	예쁜 소녀 트루와 고양이 바틀비가 위시트리의 도움을 받아 세 가지 소원으로 문제를 해결해 나가는 이야기
트루: 마법친구들 외 트루 시리즈	시즌1 5화 외	하루도 조용할 날 없는 무지개 왕국. 트루와 바틀비가 친구들과 함께 어떤 문제든 해결해간다.
옥토넛	시즌1 27화, 시즌2 13화	바닷속에 문제가 생기면 언제든지 출동하는 개성있고 용감한 여덟 영웅들의 탐험 이야기
케어베어와 사촌들	시즌1 6화, 시즌2 6화	미국에서 캐릭터로 먼저 사랑받다가 TV프로 그램과 영화로 만들어졌다. 장난감도 큰 인기
실바니안 패밀리	시즌1 12화	장난감으로 유명한 실바니안 패밀리가 애니메이션 으로 선보인다. 3분짜리 짧은 에피소드들로 구성
라마라마	시즌1 15화	아마존, 뉴욕타임즈에서 그림책 부분 베스트셀러 원작. 워킹 맘 엄마와 유치원생 아들이 일상의 어려움을 극복하고 마음을 키워가는 이야기
벤 과 홀리의 리틀킹덤	시즌1 26화	페파피그 제작진이 만든 요정 이야기. 요정 공주 홀리와 친구 엘프벤이 모험을 통해 함께 협력하고 나누며 문제를 해결하는 방법을 배운다.
찰리의 컬러폼 시티	시즌1 13화	유아 수학 콘텐츠. 색깔 도형으로 상상 속 세계를 만들어가는 이야기
까까뚱꼬 시몽	시즌1 26화	미국에서 태어나고 프랑스에서 자란 스테파니 블레이크의 유명 동화책 원작. 국내 번역본도 인기

어린이 TV시리즈

앨빈과 슈퍼밴드	시즌1 26화, 시즌2 26화	4편까지 제작된 인기 영화 앨빈과 슈퍼밴드의 TV시리즈. 다람쥐 캐릭터들이 사랑스럽다.
마이리틀포니	시즌1 26화~시즌5 26화 총1 17화	현재 시즌 9까지 만들어진 인기애니메이션. 다섯 마리의 유니콘 친구들의 우정과 모험 이야기
파워퍼프 걸스	시즌1 39화	미국 Cartoon Network 제작. 세상의 좋은 것만 모두 모아 만든 초능력 7세 소녀들의 이야기
콩·유인원의 왕	시즌1 13화, 시즌2 10화	2050년, 사악한 과학자가 로봇공룡 군대를 출격, 콩과 친구들은 대항하여 위기를 극복해야 한다.
타잔과 제인	시즌1 8화, 시즌2 5화	2018년 제작. 비행기 사고에서 살아남아 초자연적 힘을 가지게 된 10대의 타잔과 친구 제인의 이야기
빤스맨의 위대한 모험 Captain Underpants	시즌1 13화, 시즌2 13화	말썽꾸러기 단짝 조지와 해롤드, 그리고 팬티바람 히어로로 변신한 심술쟁이 교장선생님
말하는 고양이 토킹 톰	시즌1 52화	인기 앱 '토킹톰'이 애니메이션으로 만들어졌다. 수다쟁이 고양이와 재주 많은 친구들의 이야기
앵그리버드	시즌1 16화, 시즌2 7화, 시즌3 8화	레드와 척을 비롯한 앵그리버드 친구들은 성가신 돼지들이 호시탐탐 노리는 둥지 속 알을 지키면서 다양한 모험을 펼친다.
소닉 붐	시즌1 52화	세상에서 가장 빠르고 파란 고슴도치 소닉. 친구들과 함께 에그맨 박사로부터 섬을 지킨다.
형사 가제트	시즌1 13화, 시즌 2 13화	형사 가제트가 돌아왔다. 전 세계에서 범죄를 저지르는 조직 '매드'를 재건하고 활동을 개시한 클로우 박사에 맞서는 임무가 기다리고 있다.
스파이키드 미션 크리티컬	시즌1 10화, 시즌2 10화	영화 〈스파이키드〉를 모티브로 한 TV시리즈. 넷플릭스 오리지널
로보즈나	시즌1 10화, 시즌2 10화	용감하고 장난기 많은 소년과 그의 단짝 로봇, 로보즈나 경기에 참여해 멋지게 격투를 벌인다. 경기장 밖에서도 악당에 맞서 싸움은 계속된다.
슈퍼몬스터	시즌1 10화, 시즌2 6화	낮에는 평범한 아이였다가 해가 지고 나면 드라큘라, 마녀, 늑대인간, 프랑켄슈타인 등 몬스터로 변하는 다섯 꼬마들의 이야기
힐다	시즌1 13화	자유롭고 용감한 소녀 힐다, 편안한 숲을 떠나 모든 것이 생소한 도시에서 살게 된다.

우주의 전사 쉬라	시즌1 13화, 시즌2 7화	호르드 병사였던 고아, 아도라. 마법의 검을 발견한 그녀는 전설적인 영웅인 쉬라로 거듭난다. 독립군이 되어 악당에 맞서 싸우는 소녀 이야기
카르멘 산디에고	시즌1 9화	마음먹은 것은 뭐든지 훔칠 수 있는 카르멘 산디에고. 하지만 그녀는 자신의 능력을 좋은 곳에 쓰려고 한다.
더 할로우	시즌1 10화	어느날 갑자기 이상한 세계에서 깨어난 세 명의 십대 아이들. 괴물들이 가득한 이곳에서 아이들은 집으로 돌아갈 수 있을까?
드래곤 프린스	시즌1 9화, 시즌2 9화	인간과 엘프 간의 전쟁. 놀라운 비밀을 알게 된 두 명의 왕자와 엘프 자객. 두 왕국의 숨겨진 진실을 밝히기 위해 함께 모험을 떠난다.
3언더: 아카디아의 전설	파트1 13화, 파트2 13화	트롤 헌터 아카디아의 전설 후속작. 지구에 적응하며 살아가는 아키리디온-5 행성의 남매가 현상금 사냥꾼에게 쫓기는 스토리를 담은 작품
보스베이비: 돌아온 보스	시즌1 13화, 시즌2 13	영화애니메이션 〈보스 베이비〉의 TV시리즈
팩맨과 무시무시한 모험	시즌 2 6화, 시즌2 26화	십대 소년 팩과 그의 충성스런 팀은 사악한 비트 레이어스가 이끄는 군대로부터 팩월드를 지킨다.
제로니모의 모험	시즌1 26화	어린이 베스트셀러 "제로니모의 환상 모험"을 원작으로 한 TV시리즈. EBS에서도 방영한 적이 있는 인기 애니메이션
쿨리파리: 개구리 군대	시즌1 13화	두려움을 모르는 개구리들이 전갈과 거미 악당들의 협공에 대항하여 싸워나가며 진정한 용기와 영웅이란 무엇인가를 보여준다.
스티븐 유니버스	시즌1 49화	인간과 마법 종족의 혼혈소년이자, 조직 '크리스탈젬'의 막내인 스티븐의 이야기
틴 타이탄 Go!	시즌1 26화, 시즌2 26화, 시즌3 26화, 시즌4 26화	슈퍼히어로를 모티브로 한 개그만화. 캐릭터들의 과장된 성격과 망가지는 모습들이 특징
드래곤 길들이기: 세상 끝으로	시즌1 13화, 시즌2 13화, 시즌3 13화, 시즌4 13화	드래곤 길들이기 제작진이 새롭게 만든 시리즈. 다른 세상이 궁금한 히컵, 투슬리스와 함께 더 넓은 세계로 떠나자.
에버 에프터 하이	시즌1 4화~시즌5 4화 총1 7화	동화책 주인공들의 2세들의 이야기로, 같은 학교를 다니는 주인공들이 각자의 동화 이야기 속으로 들어가 스토리를 완성해야 하는데……..

스카이랜더 아카데미	시즌1 12화, 시즌2 13화, 시즌3 13화	통통 튀는 개성의 스카이랜더들이 펼치는 애니메이션. 정의와 신뢰로 똘똘 뭉친 천방지축 새내기들이 악에 맞서 우주를 지켜낸다.
신기한 스쿨버스 신기한 스쿨버스2	시즌1 13화, 시즌1 13화, 시즌2 13화	30년 이상 책과 애니메이션으로 사랑받아온 과학 동화. 스쿨버스를 타고 몸속으로, 우주로, 바닷속으로 모험을 떠난다.
스토리봇에게 물어보세요	시즌2 8화	호기심 가득, 열정 가득한 다섯 명의 로봇 친구들. 밤은 왜 오는지, 양치질을 왜 해야 하는지……. 아이들이 궁금해하는 것을 알려준다.
핀과 제이크의 어드벤처 타임	시즌1 25화, 시즌2 26화, 시즌3 24화	수년 간 Cartoon Network의 최고 인기작이자 간판애니메이션.
트롤 헌터	파트1 26화, 파트2 13화, 파트3 13화	기예르모델토로의 판타지소설이 원작. 마을 지하에 존재하는 트롤의 세계. 그곳을 발견한 소년의 놀라운 모험과 성장 이야기
마인크래프트: 스토리모드	시즌1 5화	마인크래프트 세계에서 펼쳐지는 신나는 모험. 무얼 선택하느냐에 따라 이야기가 확확 달라진다.
스플래시 앤 버블스: 바닷속 친구들	시즌1 20화, 시즌2 20화	니모와 도리를 떠올리게 하는 바닷속 친구들의 이야기
루나 피튜니아의 모험	시즌1 11화, 시즌2 5화, 시즌3 6화	장난기 많고 사랑스러운 소녀 루나 피튜니아와 함께 환상의 땅 어메이지아로 모험을 떠나는 이야기.
오리친구 피킹	시즌2 6화	엉뚱한 모험가 오리 피킹. 든든한 친구 웜뱃, 척척박사 돼지 첨킨스. 세 친구의 모험 이야기
리틀 펫숍: 우리만의 세상	시즌1 26화, 시즌2 26화	고등학생 블라이스는 어느 날 사고로 동물들의 말소리를 들을 수 있는 능력이 생긴다. 투니버스, 재능TV 방영
비트 벅스	시즌1 13화, 시즌2 13화, 시즌3 26화	비틀즈의 명곡을 테마로 다섯 마리의 귀여운 벌레들이 뒤뜰정원에서 펼치는 대모험. 재미와 감동, 교훈이 가득한 가족 애니메이션
모타운 마법 뮤지컬	시즌1 25화, 시즌2 26화	어디서나 춤과 노래가 있는 흥겨운 도시 모타운. 이곳에 풍부한 상상력을 가진 소년 벤이 살고 있다. 마법의 붓을 만난 꼬마 예술가 벤의 모험

마법의 단추인형: 랄라룹시	시즌1 13화	컬러풀한 봉제인형들이 살아 움직인다. 인형들이 펼치는 모험과 우정. 마법과 음악이 어우러진 애니메이션
컵케이크와 다이노의 만능서비스	시즌1 13화, 시즌2 13화	컵케이크와 다이노가 만능 서비스업계의 1인자가 되어가는 과정을 그린다. 심슨이나 어드벤처 타임처럼 어른들도 재미있게 볼 수 있는 애니메이션
신비아파트	시즌1 24화	귀신이 나온다는 신비아파트. 이곳에서 귀신들을 하늘로 올려 보내주는 도깨비 신비와 하리 두리 남매의 이야기. 12세 이상

초등 고학년 여아 추천

미라큘러스	시즌1 26화 시즌2 25화	프랑스의 히어로 레이디 버그와 블랙캣이 악당 호크모스에 맞서 싸우는 이야기. 한국, 프랑스, 일본 3국 공동제작 애니메이션
바비의 드림하우스	시즌1 12화, 시즌2 9화, 시즌3 9화	절친한 친구들과 함께하는 신나고 재미있는 바비의 일상
레고 프렌즈 : 우정의 힘	시즌1 2화, 시즌2 2화	5명의 절친들이 함께 모험을 하며 엉뚱한 행동과 사랑, 실수를 통해 서로의 우정을 확인한다.
윙스 월드	시즌1 13화, 시즌2 13화	오디션 프로그램 "와우쇼"의 스타발굴단 윙스. 세계의 재능 있는 아이들이 꿈의 무대를 밟게 될 그날까지 한 시도 마음 놓을 수 없다.
윙스 클럽	시즌5 26화	블룸이라는 소녀가 한 무리의 요정들과 친구가 된 뒤 은밀하고 위험한 "마법차원"으로 요정들을 따라 들어간다.
H2O 아쿠아 엔젤스	시즌1 13화, 시즌2 13화	물에 닿을 때마다 인어로 변하는 3명의 고등학생 친구들은 자신들의 새로운 삶을 비밀에 부치면서 다양한 바닷속 모험을 즐긴다.
플라워링 하트	시즌1 13화	따뜻한 마음씨를 가진 평범한 초등학생 아리. 우연히 만난 뚱보 햄스터를 집으로 데려왔다가 신비한 힘을 얻게 된다.

초등 남아 추천

트랜스포머 레스큐봇	시즌1 26화	트랜스포머 레스큐봇 4인조는 인간 응급구조요원 가족과 함께 각종 사고와 재난에 대응하기 위해 모험을 떠난다.

벤텐	시즌1 13화, 시즌2 13화, 시즌3 13화	평범한 소년 벤테니슨의 대변신. 캠핑 갔다가 손에 넣은 신기한 장치에 놀라운 능력이 있다. 슈퍼히어로 벤의 신나는 모험
요괴워치	시즌1 26화	마법캡슐 안에 갇힌 요괴를 풀어준 민호. 새 요괴 친구와 함께 다양한 말썽꾸러기 요괴들과의 신나는 모험에 나선다.
LEGO닌자고: 스핀짓주 마스터	시즌1 10화, 시즌2 10화	악의 세력으로부터 소중한 사람을 지키는 닌자, 카이, 제이, 콜, 쟌의 이야기
베이블레이드 버스트	시즌1 51화	중학생 강산의 꿈은 최고의 블레이더가 되는 것. 소중한 발키리로 연습을 거듭하며 베이배틀에 매진하는데…….
스톤에이지	시즌1 13화	니스 대륙 최고의 조련사를 꿈꾸는 소년 우디, 아기 공룡 모가를 구해준 것을 계기로 꿈을 찾아 모험을 떠난다. 12세 이상

어린이 TV드라마

풀하우스	시즌1 22화~시즌8 24화. 총 188화	아빠와 아빠 친구, 삼촌 등 남자 셋이서 세 딸을 키우며 벌어지는 좌충우돌 에피소드
풀러 하우스	시즌1 13화, 시즌2 13화, 시즌3 13화, 시즌4 13화	풀하우스의 반대 버전(?) 여자 셋이서 아들 셋을 키우는 태너 가족 이야기.
꼴찌 마녀 밀드레드	시즌1 12화, 시즌2 13화	우연히 마법학교로 들어간 소녀. 전 세계에서 사랑받은 질머피의 동화 시리즈 원작
H2O : 마코섬의 비밀	시즌1 26화, 시즌2 26화	"H2O마코섬의 비밀"의 후속 시즌. 달의 연못에 빠진 인간 소년 잭, 이후 물만 묻으면 인어로 변하게 되는 잭의 모험 이야기
.마코 머메이드	시즌1 26화, 시즌2 13화, 시즌3 13화	비틀즈의 명곡을 테마로 다섯 마리의 귀여운 벌레들이 뒷뜰 정원에서 펼치는 대모험. 재미와 감동, 교훈이 가득한 가족 애니메이션
알렉사 & 케이티	시즌1 13화, 시즌2 10화	고교 입학을 앞두고 암에 걸린 알렉사와 단짝 친구 케이티의 재미있고 가슴 찡한 코미디 시트콤

백스테이지	시즌230화	노래, 춤, 연기에 재능 있는 십대들이 모인 최고의 예술학교무대 안팎에서 맞닥뜨리는 수많은 도전 그리고 따뜻한 우정 이야기
노굿, 닉	파트110화	평범한 가정에 어느 날 친척이라고 주장하며 갈 곳 없는 고아소녀가 나타난다. 일단 들여놓긴 했는데, 알고 보니 대단한 사기꾼이었던 것
포니시터 클럽	시즌110화, 시즌210화	말과 동물을 사랑하는 소녀와 친구들이 뭉쳤다. 이름하여 포니시터클럽. 22분의 짧은 에피소드로, 따뜻한 감성의 어린이 드라마
레모니 스니켓의 위험한 대결	시즌18화, 시즌210화, 시즌37화	끔찍한 화재로 하루아침에 부모를 읽은 삼남매. 이들의 운명적인 여정에서 고난과 시련 그리고 사악한 올라프 백작을 상대해야 한다.
줄리의 그린룸	시즌113화	〈사운드 오브 뮤직〉의 주인공 줄리 앤드류스가 선생님이 되어, 아이들과 뮤지컬 공연을 만드는 이야기를 그린 인형극 드라마
올 어바웃 패밀리	시즌110화	화려한 랩스타였던 MC 조스피드. 은퇴 뒤 아버지로 살아가는 일상을 다룬 시트콤
손오공: 새로운 전설	시즌110화	요괴들이 점령한 암흑의 세상. 용감한 소녀가 전설 속의 손오공을 깨운다. 12세 이상
로스트 인 스페이스	시즌1 10화	지구보다 나은 삶을 향해 우주로 떠난 로빈슨 가족. 이주지로 향하던 도중 모든 것이 수상한 미지의 행성에 불시착하고 만다.12세 이상
길모어 걸스	시즌1 21화~시즌7 22화 총 153화	독립심이 강한 싱글맘 로렐라이는, 아이비리그 진학은 문제 없을 정도로 명석한 두뇌를 가진 딸 로리를 키운다. 12세 이상
빨간머리 앤	시즌1 7화, 시즌2 10화	설명이 필요 없는 빨간머리 앤. 배우들의 연기와 연출에 호평을 받은 넷플릭스 오리지널. 12세 이상
하트랜드	시즌1 13화~시즌12 11화 총 205화	2007년 10월부터 지금까지 방영 중인 캐나다 드라마. 갑작스레 어머니를 잃고 할아버지의 목장에서 살아가는 에이미의 성장 이야기. 12세 이상

패밀리 리유니언	파트1 10화	대도시 시애틀에서 살다가 고향인 조지아 작은 마을로 이사한 맥컬렌 가족이 겪는 에피소드. 12세 이상
로스트 & 파운드 뮤직스튜디오	시즌1 14화 시즌2 13화	엘리트 음악 프로그램의 10대 싱어송라이터들이 자신의 열정을 전문적인 직업으로 승화시키는 과정에서 우정, 창작의 고통, 로맨스를 경험한다. 12세 이상
리락쿠마와 가오루씨	시즌1 13화	평범한 직장인 가오루와 리락쿠마들의 사랑스러운 스톱모션 애니메이션. 12세 이상이지만 성인들이 공감할 부분이 많은 스토리다.

기타

캐럴 버넷과 꼬마 상담소	시즌1 12화	코미디언 캐럴 버넷과 꼬마 패널들이 출연자들의 상담을 듣고 해결책을 내는 토크쇼. 아이들의 기발하고 귀여운 생각들이 사랑스럽다.
후워즈? 쇼: 롤모델을 찾아라	시즌1 13화	세계사에서 가장 유명한 인물들을 직접 만나는 시간. 심지어 그 위인들이 웃겨주기까지. 베스트셀러 어린이책이 원작인 시리즈
72종의 귀여운 동물들	시즌1 12화	이 시리즈는 귀여움의 본질에 대해 살펴보고, 귀여운 외모가 다양한 환경에서 일부 동물종의 생존과 번성에 어떻게 도움이 되는지 알아본다.
우리의 지구	시즌1 8화	극지, 열대우림, 사막 등 지구 곳곳과 인간이 만든 공해까지 다룬 다큐멘터리
대결! 맛있는 패밀리	시즌1 12화, 시즌2 14화	가족 대항 요리 쇼. 일반인 참가자들이 각 세 명씩 팀을 이루어 서로 대결하는 요리 프로그램. 12세 이상
파티셰를 잡아라 Nailed it!	시즌1 6화, 시즌2 7화, 시즌3 6화	웃긴 요리 리얼리티 서바이벌 프로그램. 12세 이상

온라인 무료 영자신문으로
배경지식과 어휘 키우는 법

영어도 공부하고 시사 상식도 넓히는 좋은 방법으로 NIE를 적극 추천한다. 우리말로는 '신문 활용 교육' 으로 불리는 NIE는 Newspaper In Education의 약자다. 1930년대 미국의 대표 일간지인 〈뉴욕타임스〉가 신문을 교실에 배포하면서 처음 시작되었다. NIE의 목적은 신문에 실린 정보를 활용해 교육 효과를 높임으로써, 궁극적으로는 스스로를 책임질 수 있는 교양 있는 민주시민을 양성하는 데 있다. 이를 위해 신문의 기능과 역할, 제작 과정을 개론적 수준에서 이해해 바르고 정확한 정보를 취사선택하는 방법을 스스로 터득하는 학습에도 중점을 둔다.

신문에는 매일 다양한 분야의 새로운 정보가 실리므로 이를 활용하면 유익하고 실용적인 학습이 가능하다는 게 교육 전문가들의 일반적인 견해다. 신문이 '살아있는 교과서' 로 불리는 이유도 바로 이 때문이다. NIE

는 이러한 신문의 특성을 교육에 반영해 지적 성장을 꾀하고 학습효과를 높이는 교육 방법을 통틀어 일컫는다.   출처: 네이버 지식백과 두산백과

언어도 익히고 지식도 쌓는, 일석이조 효과

집에서도, 먼저 한글로 된 어린이용 신문을 엄마아빠와 함께 읽고 기사에 대한 이야기를 나누면서 NIE에 친숙해지는 것이 좋을 듯하다. 그리고 영어를 유창하게 읽고 독해 능력이 자리를 잡으면 그때 영자신문에도 도전해보자. 무료 온라인 영자신문을 활용하면 보다 쉽게 NIE에 접근할 수 있다.

초등 저학년은 아직 스토리북 위주의 읽기가 더 적합하지만, 어느 정도의 읽기 능력을 갖추었다면 초급 단계의 영자신문은 도전해볼 만하다. 책 읽기를 좋아하는 초등2학년 지환이에게 EBS English에서 제공하는 영자신문 사이트를 알려주었더니, 틈날 때마다 재미있게 읽고 있다고 한다. 과학자가 꿈인 지환이는 특히 과학 관련 기사를 읽기 좋아한다.

EBS English에서는 이처럼 중 · 고등학생용 외에도 어린이용 영자 기사를 Breaking News, Culture & Sports, Science 등으로 분류해서 제공한다. 우리말 번역을 볼 수도 있고 오디오 음성으로도 들어볼 수 있다. 또 단어를 출력할 수 있게 되어 있어서, 어휘를 복습할 수 있다.

단, 주의할 점은 엄마표영어로 스토리북을 읽을 때와 마찬가지로, 독해나 문법 공부식의 접근보다는 내용 자체에 흥미를 가질 수 있게 하는 것이 중요하다. 예를 들어, 기사 내용에 나온 tiny frog을 검색해서 그 이미지를 보여주면, 아이가 영어로 된 기사에 더 관심을 갖게 될 것이다. 이처럼 기사와 관련된 내용을 이미지나 영상으로 확인해보면 신문을 통해 배운 어휘들이 훨씬 더 오래 기억에 남는다.

Tiny Frogs

Recently, some scientists found three new frogs. They are very interesting.

The frogs are called micro frogs. That is because they are so tiny.

The smallest frog is 0.8 centimeters long. The biggest one is 1.4 centimeters long. That is as big as a fingernail!

These new tiny frogs only live in Madagascar* in Africa.* They sit on leaves.

They eat small insects. They especially like ants and termites.*

* Madagascar 〈나라〉 마다가스카르

* Africa 〈대륙〉 아프리카

* termite 흰개미

위의 기사처럼, 문장 구조나 일반 단어들은 그리 어렵지 않다. 하지만 마다가스카르나 흰개미 같은 고유명사를 자연스럽게 배울 수 있고, 스

토리북에서는 만나기 힘든 어휘들을 신문기사를 통해 자연스럽게 익힐 수 있다. 어휘와 함께 익힌 다양한 배경 지식들은 논픽션 영어책들을 읽을 때 많은 도움이 된다.

신문기사를 낭독해서 녹음하거나 기사 내용에 대해 잠깐 말해보면서 영어 말하기 활동으로도 활용이 가능하다. 초등 5학년 세혁이는 〈Kids Times〉라는 주간 영자신문을 구독하고 있는데, 재미있게 읽은 기사를 낭독해서 카페에 인증하고 있다. 발음이 어려운 단어는 함께 제공되는 QR코드로 확인하면서 영자신문을 열심히 공부하고 있다.

동빈이의 경우, 요즘 신문 기사를 이용한 화상영어 프리토킹 수업이 재미있다고 좋아한다. 세계에서 일어나고 있는 다양한 소식도 접하고 즐겁게 영어 말하기도 연습할 수 있어 일석이조다.

엄마표 영어로 다양한 스토리북과 챕터북을 읽으면서 NIE도 병행하면, 시사 상식도 풍부해지고 중학교 내신과 수능을 위한 기본기를 쌓는 데도 도움이 될 것이다. 일주일에 하루나 이틀이라도 영자신문 읽기에 꼭 도전해보자.

그밖에 추천할 만한 외국 영어뉴스 사이트로는 Breaking News English 0단계에서 6단계까지 난이도 선택 가능, Time for Kids, CNN Students News, BBC Learning English 등이 있다.

영어 말문이 터지는
동빈이네 영어 아웃풋 학습법

내 아이 '영어 수다쟁이 만들기' 프로젝트

이젠 '엄마표영어'로
영어 말하기도 자신있게!

우리나라 사람들은 대부분 영어에 울렁증이 있다. 특히 읽기나 쓰기보다 말하기에 더 어려움을 느낀다. 그래서 10년 넘게 영어를 배우고도 외국인 앞에서 간단한 문장 한 마디 꺼내지 못해 우물쭈물한다.

엘리트 집단인 기자들도 마찬가지다. 예전에 오바마 미국 대통령이 기자 회견 뒤 질문을 받겠다고 했는데, 아무도 손들고 질문하는 사람이 없었다. 그것이 씁쓸한 우리의 현실이다. 단지 기자들만의 문제가 아니다. 한 신문에 따르면 2019년 한국인의 토플 말하기 영역 순위는 171개국 중 132위로 북한, 중국, 대만과 함께 하위권에 있었다.

잘못된 영어 교육이 만든 결과다. 영어는 시험을 보기 위해 배우는 학문이 아니라 의사소통을 위해 배우는 언어다. 어떤 언어든 문자를 배우기 전에 먼저 듣기와 말하기로 자연스럽게 언어 자체에 익숙해지는 것이 옳은 방법이다. 어릴 적 우리가 우리말을 그렇게 배웠듯이. 안타깝게도 영어는 우리의 모국어가 아니기에 엄마 아빠가 아이들에게 직접 영어 말하기를 가르치는 것은 어렵다. 하지만 충분한 듣기 환경 만들기는 노력만 한다면 집에서도 얼마든지 가능하다. 거기에 엄마 아빠가 간단한 영어표현이라도 아이에게 자주 사용해준다면 아이들은 영어를 언어로서 자연스럽게 받아들일 수 있다.

예를 들어 'sunny'라는 말을 처음부터 무조건 파닉스와 같은 문자로 배우는 것보다 오디오나 영상을 통해서 먼저 음성언어로 익숙하게 하는 것이다. 거기에 더해 "How's the weather today?", 'It's sunny'처럼 간단한 의사소통의 기회를 갖게 해준다면 그 단어는 아이에게 자연스럽게 체화될 것이다.

인풋과 아웃풋이 함께 가야 한다

동빈이를 코칭하기 위해 엄마표영어 관련 책을 여러 권 읽었고, 그 책을 통해서 많은 도움을 받았다. 평범한 엄마들의 올바른 자녀교육에 대한 열정은 너무나 존경스러웠다. 그중에서 특히, 문자 교육만 강조한 과거 시험 중심의 영어에서 벗어나 언어를 배우는 데 가장 밑바탕이 되는 '듣기'를 강조한 책, 그림책과 영어동화를 이용한 '방법론'에 대한 책들을 읽으며 공감했다.

하지만 아쉬운 점도 있었다. 대부분 듣기와 읽기 등 인풋에만 주안점을 두고 있다는 것이었다. '영어 공부의 목적은 원활한 의사소통' 이라는 나의 생각에 부합되는 책을 찾기가 쉽지 않았다. 영어 말하기 때문에 고민해본 적이 있는 부모라면, 내 아이만큼은 그러지 않길 바랄 것이다. 나 또한 그러했기에 동빈이만큼은 영어를 재미있게 익혀서 자유자재로 사용하게 되길 바라는 마음이 간절했다.

부끄럽지만 타산지석으로 삼길 바라며, 동빈 아빠의 영어 공부 방랑기를 잠깐 소개하고자 한다.

중학교 때 처음 알파벳을 배운 토종 한국인인 나는 영어 말하기를 잘하고 싶은 마음에 다양한 방법을 시도해보았다. 대학생 때는 아르바이트를 하며 어학연수도 해보았고, 원어민이 강의하는 새벽반 학원을 등록하기도 했다. 거기에 '영어는 발성이 중요하다' 는 ○○학원도 다녀보았고, 듣기만 하면 저절로 영어가 된다는 《영어 공부 절대로 XX XX》는 책도 여러 번 읽었다. 책에서 하라는대로 화장실 갈 때, 심지어 샤워할 때도 비닐에 카세트 플레이어를 넣고 듣기에 매달려 보기도 했다.

돌이켜보면 너무 많은 시간과 비용을 낭비한 듯하다. 좀 더 어렸을 때 영어를 시작했더라면 그런 고생은 하지 않아도 되었을 거라는 아쉬움이 늘 있다.

하지만 영어를 좀 더 일찍 시작했더라도 말하기는 또 다른 문제인 듯하다. 엄마표나 학원에서 많은 책을 읽으며 인풋을 쌓았지만, 정작 말하기가 안 되는 사례를 주위에서 많이 보았다. 어릴 때부터 수백 권의 영어책을 읽고 공부도 잘해서 의대에 진학한 지인의 딸도 영어로 의사소통하는 것이 힘들다고 했다.

내 아이만큼은 영어로 자유롭게 말할 수 있게 하겠다

내 아이는 내가 겪었던 힘든 과정을 겪지 않도록 하기 위해 처음부터 영어 말하기에 관심을 갖기로 마음먹었다. 그리고 꾸준한 인풋과 함께 여러 가지 영어 말하기 연습을 시킨 결과, 아이가 영어 말하기에 유창해지는 효과를 직접 경험하게 되었다. 그 이후 만나는 부모님이나 아이들마다 영어 말하기의 중요성과 훈련 방법에 대해 알려주고 있다.

영어 읽기가 가능할 때까지 기다린 뒤에 말하기를 시작할 게 아니라 지금 파닉스를 배우고 있거나 한 줄짜리 리더스북을 읽고 있어도 충분히 영어 말하기를 연계한 활동이 가능하다.

예를 들어, 그림책에서 'cat'이라는 단어를 배웠다면, 고양이 그림을 가리키며 "Do you like a cat?" 하고 아이에게 영어 말하기를 시도해볼 수 있다. 엄마의 영어가 완벽할 필요는 없다. 단지 아이에게 영어가 의사소통을 위한 수단이라는 것만 인식시켜 주는 것으로 충분하다.

책을 해석하고 스펠링을 외우는 방식의 영어 공부는 부모의 경험처럼 영어 말하기 능력 향상에 큰 도움이 되지 않는다. 스스로 영어책을 읽을 수 있는 아이라면, 차라리 쉽고 재미있는 교재를 따라 말해보고, 낭독하고, 녹음하게 해보자. 단어 스펠링 외우기는 잠깐 미뤄두고, 책에서 배운 표현을 문장으로 외우게 해보자. 하루에 한 문장이라도 외워서 일상에서 자연스럽게 사용할 수 있는 기회를 만들어 주는 게 아이 영어 자립에 훨씬 도움이 된다.

예를 들어 "Watch out조심해!" 이라는 문장을 그냥 눈으로만 읽고 넘어가는 것보다, 여러 번 듣고 따라한 뒤에 녹음을 해보는 것이다. 그리고 일부러라도 상황을 만들어서, "Watch out!" 이라고 부모가 먼저 사용해 보자. 이렇게 배운 단어나 표현을 책 밖으로 끄집어내어 좀 더 적극적으로 활용해보면 언어 습득의 기회가 훨씬 높아진다. 아이에게서 어느 순간 "Watch out" 이라는 말이 자연스럽게 나오게 될 것이다.

혹시 아이를 위해 영어 말하기에 관심은 있지만 '난 너무 늦었어. 이 나이에 뭘!' 하고 생각하는 부모가 있다면, 독학으로 영어 말하기를 정복하신 할아버지에 대한 이야기를 소개한다.

할아버지는 가정 형편상 초등학교를 5학년 때 중퇴했는데, 일상에서 틈틈이 영어 말하기를 꾸준히 연습하고 노력하면서 '배움에는 때가 없다'는 것을 영어 말하기 도전을 통해 보여주신 할아버지의 노력에 존경심이 든다. 모든 사람이 다 영어를 잘할 필요는 없지만, 관심이 있는 부모라면 지금이라도 도전해보자. 아이들에게 100번 잔소리하는 것보다 부모가 먼저 용기를 내서 모범을 보여주면 아이들도 그 만큼 더 빨리 성장할 것이다.

• 초등 중퇴 할아버지의 영어 말하기 정복 비법 영상

유창한 영어 말하기를 위한
가장 빠른 방법

난 영어 말하기를 정말 잘하고 싶었다. 더군다나 학교에서 수업을 100% 영어로 진행하는 TEETeaching English in English가 강조되던 때라 부담이 많았다. 그래서 이 방법 저 방법 많이 시도해보았다. 하지만 완벽한 해결책은 찾을 수 없었다.

마지막으로 시도해본 것은 한 프로그램에서 소개한 '악센트를 넣으며 발성 연습을 하면 언젠가 모든 영어 소리를 알아듣고 원어민처럼 말할 수 있다' 는 내용이었다. 결론은 '혹시나 했지만 역시나' 로 끝났다. 상식적으로 생각할 때, 하루에 세 문장 정도 복식호흡을 하면서 악센트 넣어서 읽는다고 어떻게 갑자기 원어민처럼 될 수 있겠는가!

요즘도 인터넷에는 몇 달 안에 원어민처럼 만들어준다는 달콤한 유혹이 넘친다. 이런 광고가 여전히 판을 친다는 것은 많은 사람이 그만큼 영어에 답답한 마음을 갖고 있다는 반증이다. 그리고 올바른 영어 학습에 대한 정보가 부족하기 때문일 것이다. 나같이 영어 교육을 전공한 사람도 미혹되는데 영어를 처음 접하는 분들은 오죽 할까 싶다.

한국인이 영어를 못 하는 이유

상황이 이렇다보니 내 아이 영어 교육을 어떻게 진행해야 할지 난감할 때가 많다. 수많은 정보의 홍수 속에서 길을 잃기 쉬운 요즘이다. 바쁜 일상으로 영어 말하기에 대한 열정이 서서히 식어갈 무렵, 우연히 〈당신이 영어를 못하는 진짜 이유〉라는 KBS 다큐멘터리를 보게 되었다.

간단히 요약하면, 수영을 잘하려면 수영 이론만 배워서 될 게 아니라 직접 연습을 해봐야 하는 것처럼, 영어 말하기도 연습이 필요하다는 내용이었다. 좀 더 추가하자면, 외국어를 배울 때 사용하는 뇌의 영역은 자전거 타기나 운전을 배울 때와 같은 영역이다. 이는 이론만으로는 배울 수 없고 직접 끊임없이 연습해서 몸으로 익혀야 된다는 뜻이다. 그리고 자전거 타기가 몸에 익으면, 오랜 시간이 지난 뒤에도 어렵잖게 다시 자전거를 탈 수 있는 것처럼 영어도 마찬가지다.

다큐멘터리에서 한 미국인 교수가 이런 말을 한다.

"영어 말하기를 위해서는 연습이 매우 중요합니다. 수많은 광고가 당

• KBS 스페셜 〈당신이 영어를 못하는 진짜 이유〉 中

신에게 어떻게 이야기하든 관계없습니다. **충분한 연습 없이는** 말하기를 잘할 수 없습니다."

이 다큐멘터리에서, 수영을 배우는 원리와 영어 말하기를 비교하는 건 매우 적절한 비유인 것 같다. 아무리 수영 이론을 달달 외워 봐도 수영은 못 한다. 문법과 독해 강의를 노트 필기하느라 조용한 영어 수업, 교실 책상에 앉아 받는 수영 강습, 기타 없이 배우는 기타 연주법 등이 다 똑같다. 반면 이론을 전혀 몰라도 일단 물에 들어가서 물에 뜨는 연습을 하고, 발차기를 하고, 호흡도 익히면 그 다음에는 저절로 수영을 할 수 있게 된다. 영어 말하기도 직접 입 근육을 움직여서 연습해봐야 실제 상황에서 말을 할 수 있다.

《정철 영어혁명》의 저자는, 우리나라 영어 수업을 지켜본 외국인이 "왜 이렇게 수업시간에 조용하지요?" 하고 물어서 당황했다고 한다. 이

런 경험 때문인지 저자는 저서에서 "영어시간은 학생들이 입으로 소리
내서 말해보는 연습으로 늘 시끄러워야 한다"고 강조한다.

언어는 눈으로 공부하는 게 아니라 입으로 하는 것이다

눈으로만 하는 영어 공부는 아무 소용이 없다. 직접 입 밖으로 소리 내
어 연습해야 말문이 틔고 유창한 영어 말하기가 되는 것이다. 사실 영어
말하기 훈련은 국내파 영어 고수들이 이미 오래전부터 해오던 방법이
다. EBS 인기 영어 강사 이보영 님도 신문기사를 해석한 뒤 다시 영어로
옮기는 방식으로 연습을 했다고 한다. 그는 생방송 프로그램을 진행할
때 잘 모르는 표현이 나오면 나중에 연습하기 위해 즉석에서 노트에 적
곤 했는데, 그 모습이 무척 인상적이었다. 이와 같은 방법으로 수많은 영
어 말하기 연습을 거쳐서 영어 고수의 자리에 오른 것이리라.

우리나라 사람들만 그런 것은 아니다. 필리핀, 그리스, 세르비아 등 약
100명이 넘는 강사들과 스카이프 화상 수업을 하면서 '어떻게 유창한 영
어를 구사하게 되었는가?' 하는 질문한 적이 있다.
개인마다 차이가 있지만 대부분이 공통점이 있었다. '직접 입 밖으로
소리 내어 연습해보는 것'이었다. 예를 들어, 하루에 5문장씩 모르는 표

현을 적고 연습하기, 유튜브 등을 보면서 따라 하고 요약하기, 틈틈이 혼잣말로 영어로 대화하기 등이었다.

'영어로 유창하게 말하는 방법'에 대한 확신이 생기자, 그 다음부터는 영어 공부에 대한 비법 따위에는 관심을 갖지 않게 되었다. 그리고 '원어민처럼'이라는 환상도 내려놓았다. 영어는 우리 모국어가 아니므로 원어민처럼 될 수도 없고 그럴 필요도 없다. 말하기 연습을 통해 어느 정도 유창하게 말할 정도가 되면 그 어느 누구와도 당당하게 말할 수 있다.

화상영어에서 만난 수많은 강사들도 그랬다. 그들의 영어는 원어민처럼 완벽하지 않다. 그저 영어로 수업이 가능할 정도였다. 그런데도 자신감 있고 당당하게 이야기했다.

내 아이들은 부모 세대와 달리 영어 말하기에 좀 더 자신감을 갖게 되길 진심으로 바란다. 아이에게 제대로 된 방법을 알려주고, 칭찬하고, 격려해주면 영어 말하기에 부담을 느끼지 않고 오히려 재미있어 한다. 성인들처럼 틀릴까봐 노심초사하지도 않는다. 그래서 너무 늦기 전에 영어 학습 초기부터 영어 말하기에 신경을 써주라고 거듭 강조하는 것이다.

지난 수년간 아들 동빈이와 엄실모 카페의 많은 아이들이 영어 말하기에 말문이 트이는 것을 지켜보며, 이것이 올바른 방향임을 확신하게 되었다. 엄마표로 즐거운 인풋을 하면서 적극적인 말하기 연습도 함께 하면 내 아이의 말문도 트일 수 있다.

매일 낭독과 녹음
그리고 영어 공부 인증

요즘은 엄마표영어 덕분에 원서 읽기 등 영어 인풋에 대한 관심이 그 어느 때보다 높다. 많은 엄마들이 이제는 '영어 소리에 노출시켜주는 것이 중요하다'는 것도 잘 알고 있는 듯하다. 그런데도 여전히 영어 말하기에는 왠지 자신이 없다. 내 아이만큼은 영어에서 자유롭게 해주고 싶은 마음에 학원에도 보내고 원어민 과외, 화상영어도 시켜보지만 결과는 썩 만족스럽지 않은 경우가 많다.

인풋만 열심히 한다고 해서 저절로 말문이 터지지 않는다. 원어민 과외를 하거나 화상영어만으로 되는 것도 아니다. 단순히 영어 읽기와 듣기만 할 게 아니라 영어 말하기까지 하고 싶다면, 수동적 학습만으로는 힘들다. 인풋도 중요하고 원어민과 직접 말해보는 것도 필요하지만, 좀 더 적극적인 방법으로 영어 말하기를 위한 '기본기'를 닦아야 한다.

이제는 고전이 되어버린 SF 영화 〈매트릭스〉는 내가 가장 좋아하는 영화 중 하나다. 인공지능 기계들이 자신들의 에너지를 공급받기 위해 인간들을 사육하는 곳이 바로 매트릭스다. 모피어스의 도움으로 간신히 매트릭스에서 탈출한 주인공 네오는 며칠이 걸린 대수술에서 깨어나 눈을 뜨고서 모피어스에게 묻는다.

"Why do my eyes sore 왜 눈이 아픈 거지요?"

"Because you've never used them before 전에는 한 번도 사용해 본적이 없기 때문이지."

매트릭스 안에서는 가상현실로 인간들을 통제했기 때문에 실제로 눈을 뜨고 사용해본 적이 없었던 것이다. '영어 말하기가 왜 이렇게 어려울까' 고민하다가 문득 이 장면을 떠올렸다. 네오가 매트릭스 안에서 눈을 사용해본 적이 없듯이, 우리도 영어를 공부하면서 말하기를 위해 꼭 필요한 입 근육을 사용해보지 않았기에 어렵게 느껴지는 게 아닌가 싶었다.

EFL 영어를 외국어로 배우는 환경인 우리나라에서는 영어로 말할 기회가 별로 없다. 학교에서 수업 시간에 영어를 배우지만, 말하기 학습 중심이 아닌 문자 위주의 교육이 이루어진다. 다시 말해, 영어 말하기를 하기 위해서는 입 근육을 움직여야 하는데 별로 사용해본 적이 없으니 어색해서 잘 안 나오는 것이다.

운동, 악기 연주, 언어 익히기에는 공통점이 있다

권투, 야구 등 운동 분야에서 선수로 뛰려면 오랜 시간 많은 연습으로 기본기를 닦아야 한다. 악기를 제대로 연주하기 위해서도 마찬가지다. 영어 말하기도 이와 같다. 그래서 영어 말하기의 기본기를 닦아줄 간단하고 효과적인 방법을 소개한다. 바로 낭독하고, 녹음하고, 인증하기다. 우선 앞에서 소개된 대로 충분한 흘려 듣기, 집중 듣기 또는 즐겨 듣기를 한 교재로 매일매일 낭독부터 시작해보자. 저녁식사 뒤 또는 잠자기 전 등 시간을 정해놓은 뒤, 하루에 한 권을 골라 한두 번 낭독 연습을 하고 녹음을 하는 것이다. 엄마와 아이가 함께하면 더욱 좋다.

단, 교재는 아이의 리딩 수준보다 낮은 수준, 즉 들었을 때 70% 정도는 바로 알아듣거나 따라 말할 수 있는 수준이 좋다. 아마 영어 초급 단계라면 영어 그림책이나 리더스북 낮은 단계, ORT의 경우 2~3단계 수준의 책들이 이에 해당할 것이다. 영어 공부를 새로 시작하려고 마음먹은 엄마 아빠에게도 아이들의 스토리북은 낭독과 영어 스피킹으로 최고 훈련 교재가 된다.

영어 낭독 연습을 하면 연음과 축약 등의 발음 현상을 자연스럽게 익히면서, 영어 말하기를 위해 꼭 필요한 입 근육을 단

• 동빈이 스토리 낭독연습 2018년

련할 수 있다.

Mom wanted to pull it out.

이 문장을 소리 내어 낭독하면, 'pull it' 이 '풀 잇' 이 아니라 '푸릿' 으로 연음되어 소리 나는 것을 알게 저절로 깨우치게 된다. 또한 영어 낭독 연습을 통해 정확한 발음과 연음 현상 등을 익히면 듣기에도 많은 도움이 되어, 'pull it out' 처럼 뭉쳐서 나는 소리도 잘 알아들을 수 있다.

영어가 어렵게 느껴지는 이유 중 하나가 우리말과는 다른 어순에 있다. 그런데 소리 내어 낭독 연습을 하면 영어의 어순에도 익숙해진다. 그래서 문장을 순서대로 읽어 가면서 의미 파악을 하는 연습을 할 수 있다. 아이의 영어 수준을 알고 싶을 때, 한 페이지 정도를 낭독시키면 금방 표시가 난다. 정확한 발음도 발음이지만, 영어 어순과 의미 단락에 맞추어 어디에서 멈추고 끊어 읽는지를 보면 그 아이가 얼마나 영어라는 언어에 익숙해 있는지 알 수 있기 때문이다.

그리고 낭독한 것을 녹음해 보자! 녹음기를 켜놓고 낭독을 하면, 마치 상대방에게 영어 말하기를 할 때와 같은 약간의 긴장감이 생긴다. 한국인이 영어 말하기에 가장 어려워하는 부분이 아마 영어로 말할 때 생기는 불안감일 것이다. 이때 낭독한 것을 녹음하다 보면 그 부분을 해소할수 있다. 물론 처음에는 좀 어색할 수 있다. 하지만 자꾸 하다보면 익숙해지게 마련이다. 녹음 후 자신의 발음을 듣고 스스로 고칠 수도 있다. 지난 녹음을 들어보면서 연습할 때마다 발음이 나아지는 자신을 확인할수 있으므로 자신감 향상에 큰 도움이 된다.

마지막으로, 낭독 후 녹음한 내용을 '인증하기' 다. 블로그나 유튜브, 카페 등에 꾸준히 업로드하면서 다른 사람들과 피드백을 주고받으면 매일매일 실천할 수 있는 좋은 동기 부여가 될 것이다. 아이들도 인증을 한다고 하면, 더 잘하고 싶어서 몇 번이고 다시 읽으면서 녹음을 한다. 이렇게 인증한 내용은 나중에 훌륭한 포트폴리오, 성장 앨범으로 활용할수 있다. 처음 시작할 때 자기 모습과 1, 2년 뒤 성장한 모습을 비교해보면서 아이들은 뿌듯한 성취감을 느낀다.

아직 읽기에 서툴고 낭독을 처음 하는 경우, 같은 교재를 하루에 한두 번씩 사나흘 또는 일주일 동안 반복해도 좋다. 만약 아직 혼자서 낭독하기 힘들다면 녹음된 MP3를 활용하거나 부모가 먼저 읽고 아이가 따라서 읽는 방법도 괜찮다. 따라 읽다보면 소리와 글자에 익숙해지면서, 파닉스 원리도 더 쉽게 이해할 수 있다. 이렇게 읽기 공부도 하면서 기본 말하기 연습의 준비가 저절로 되는 것이다.

물은 100도에서 끓는다

영어 말하기가 잘 안 된다고 조바심을 낼 필요는 없다. 물은 100도가 되면 끓듯이, 영어 말하기도 차고 넘치는 인풋과 말하기 연습을 하면 터져 나오게 마련이다. 오늘부터라도 책 읽기와 영어 동영상 보기로 충분한 인풋을 쌓고 틈날 때마다 낭독, 녹음, 인증하기를 실천할 수 있게 도와주자. 부모가 함께한다면 아이들도 더 신나게 할 수 있을 것이다.

한-영 스위칭 연습으로
영어엔진 만들기

카페 회원들의 가입 인사를 보면, 영어 말하기에 한 맺힌 사람들이 많은 것 같다. 그중에는 엄마표영어를 하기 위해 먼저 직접 공부하고자 하는 사람도 있고, 남편이 갑자기 베트남 주재원으로 발령 나는 바람에 영어가 급하게 필요하다는 사람도 있고, 아이 교육 때문에 미국에 왔는데 언어 소통이 안 돼 고민인 사람도 있었다. 하지만 아무리 급해도 한 언어를 배우는 데는 많은 시간과 노력이 필요하다. 특히 영어를 외국어로 사용하는 환경EFL인 우리나라에서 영어 말문이 터지기까지, 의식적인 연습과 훈련이 필요하다.

요즘 유행하는 미드 보기로 하루에 한두 시간 영어에 노출한다 해도, 직접 나의 입 근육을 움직여서 말하지 않으면 쉬운 말도 쉽게 나오지 않는다. 매일 미드를 봐도 어느 날 갑자기 CSI에 나오는 금발머리 주인공처럼 유창하게 영어를 하게 될 확률은 거의 없다. 하지만 '원어민처럼' 이라는 환상을 깨면 간단한 생활영어 정도는 본인의 노력에 따라 비교적 단기간 내에도 가능하다. 이것저것 묻지도 따지지도 말고, 마치 구구단을 외우듯이 귀에 익숙하게 하고 입에 붙도록 반복 연습하면 된다.

기초 생활영어 교재 정하기 → 원어민 음성 녹음을 틈날 때마다 듣고 따라 하기 → 영어 표현 외우기 → 한영 스위칭 연습 〈한글 표현만 보고 영어로 말해보기〉

이 순서에 따라 매일 휘트니스에서 운동하듯, 영어 입 근육을 단련시켜주면 된다.

원어민 회화의 허와 실을 알아야 한다.

사교육 일번지로 유명한 동네에서 영어 유치원을 나오고 원어민이 미국 교과서로 수업하는 학원에 다니는 아이에게 '네 할머니는 어디 사시니?' 라는 간단한 문장을 영어로 말하게 한 적이 있었다. 뜻밖에도 아이는 너무 어려워했다. 아마 그 문장을 읽거나 들으면 금방 이해를 할 것이다. 이처럼 언어를 이해하는 영역과 표현하는 영역은 완전히 다르다.

다음 그림에서 영어 문장 (그림 B)를 보면 어려운 단어는 거의 없다.

뜻도 금방 이해가 된다. 그런데 한글 문장 (그림 A)를 보고 영어로 말하려고 하면 쉽지가 않다.

이런 문제는 한영 스위칭 연습을 통해 조금씩 해결해나갈 수 있다. 한국어가 모국어이기에 영어를 처음 배울 때 당연히 한국어 표현이 먼저 떠오르기 마련인데, 한영 스위칭 연습을 열심히 하면 점점 영어식 사고에 익숙해지게 된다. 동시통역 대학원을 준비하는 학원들도 이 방법을 쓴다. 그리고 핀란드 학교에서도 학생들에게 핀란드어를 영어로 바꿔보는 스위칭 연습을 많이 시킨다고 한다.

D2	집에서
	일어나라!
	알았어요.
	어서~, 일어나!
	일어났어요.
	(아침)밥 먹어!
	먹기 싫어요.
	(아침)밥 먹어야 돼!
	우유에 시리얼 먹을래요.
	계란 후라이 만들어 줄까?
	아니요 됐어요.
	학교 늦겠다.
	저 가요, 엄마.

(그림 A)

D2	At Home
	Get up!
	Okay.
	Come on, get up!
	I got up..
	Eat breakfast!
	I don't want it.
	You have to eat breakfast.
	I'll have milk with cereal
	Do you want me to make a fried egg for you?
	No, thanks.
	You'll be late for school.
	I'm leaving, mom.

(그림 B)

《영어책 한 권 외워봤니?》의 저자 김민식 PD는 동시통역사 출신인데, 사람들이 영어를 잘하는 비결에 대해 물으면 '기초 회화책 한 권을 정해서 묻지도, 따지지도 말고 무조건 외워라' 라고 조언한다고 한다.

기초 회화책 한 권을 통째 외우면 말문이 트입니다. 언제 어디서든 영어로 말할 수 있어요. 기초 회화는 수준이 낮은 문장이 아니라 사용 빈도가 높은 문장들입니다. 자기소개, 인사말, 날씨 묻기 등 언제 어디서나 써먹을 수 있는 표현들이지요. 〈Voca 22000〉에 나오는 단어나 〈타임〉에 나오는 표현은 생활영어에서 거의 써먹을 수 없습니다. 영어회화는 회화 학원에 다녀야 배울 수 있다고 생각하는 분도 있는데요, 원어민 회화반은 내가 이미 아는 표현을 써먹는 곳이지, 모르는 표현을 배우는 곳이 아닙니다. 회화 수업에 들어가 원어민의 유창한 영어 실력을 구경만 하는 것보다, 혼자서 책을 읽고 소리 내어 문장을 읽고 외우는 편이 낫습니다. 어학 실력은 능동적 표현의 양을 늘리는 데서 판가름 나니까요. - 《영어책 한권 외워봤니?》中

영어 말하기의 기본기도 닦지 않고 원어민과 대화하는 것은 큰 의미가 없다는 이야기이다. 앞에서 소개한 대로 낭독 연습을 하고 한영 스위칭 연습으로 입 근육을 단련하면서 바로 바로 써먹을 있는, 자기만의 영어 말주머니를 만드는 것이 핵심이다.

한글과 영어 문장을 스스로 읽을 수 있다면 아이들도 얼마든지 한영 스위칭 연습이 가능하다. 초등1, 2학년 친구들도 충분히 연습하면, 한글 표현만 보고 영어로 유창하게 말할 수 있다. 엄실모 카페의 소율이가 일곱 살일 때, 언니 오빠들이 하는 제법 어려운 표현도 바로바로 영어로 말하는 것을 보며 감탄한 적이 있다. 단, 주의할 점은 아이들에게 억지로 외우라고 강요하는 게 아니라 먼저 많이 듣고 따라하면서 충분히 익숙해지게 한 후에 자연스럽게 입 밖으로 영어 표현이 나오도록 유도해야 한다는 것이다. 엄마, 아빠와 게임하듯이 하루에 한두 문장이라도 서로 외운 것을 점검하면서 최대한 재미있게 진행하는 것이 좋다.

또 한 가지 주의할 점을 덧붙이자면 모든 문장을 앵무새처럼 다 외워서 말할 수는 없다는 것이다. 그러므로 아이가 거부하지 않는다면, 실제 영어 말하기 환경을 일찍부터 만들어 주기를 권한다. 기초회화 표현들을 연습을 통해 체화시켜 가면서 실제로 말을 해 볼 수 있는 환경을 만들어 주면 아이들은 놀랍게도 응용을 해나간다.

교재를 선택할 때는 맥락이 있는 책이 좋다.

교재를 정할 때는 패턴 중심의 책보다는 짧더라도 스토리나 맥락이 있는 책이 좋다. 즉, "How about you? 너는 어때?" 하고 문장 하나를 따로 외우는 것보다, 맥락이 있는 대화 속에서 해당 표현을 배울 때 더 잘 외워지고 나중에 응용해서 말하기에도 도움이 된다.

Lesson **1 Going to School**

W : How do you get to school, Bill?
M : By bike. How about you, Susan?
W : I usually walk to school,
    but I got up late this morning
    so I took a bus.
M : Oh, I see.

그리고 반드시 음원이 있는 교재를 선택해야 한다. 먼저 충분히 듣고 따라 해야 나중에 입 밖으로 나오게 될 확률이 더 높아진다. 정확한 발음과 인토네이션도 익힐 수 있어서 좋다. 기초회화 말하기 교재를 완전히 내 것으로 만드는 방법은 다음과 같다.

1. 틈나는 대로 수십 번 반복해서 원어민의 음성 파일을 듣는다.
2. 그날 공부할 lesson을 큰소리로 듣고 따라 해본다.
3. 외울 표현들을 액팅하듯 큰소리로, 감정을 넣어 10번 이상 읽는다장면을 상상하면서 하면 더욱 좋다.
4. 한글 표현만 보고 영어로 말해보는 한영 스위칭 연습을 한다아이와 함께 게임하듯이 진행하면 좋다.
5. 자연스럽게 나오지 않는 문장은 별표 한 뒤 큰소리로 다시 10번 읽는다. 전체 문장이 막힘없이 바로 바로 나올 수 있을 때까지각 문장당 1-2초 연습한다.
6. 완전히 체화되었으면 녹음을 한다. 자신의 목소리로 녹음된 내용을 들으면서 복습하고, 자신의 블로그나 카페에 인증한다인증해야 한다는 의무감 때문에라도 꾸준히 실천할 수 있다.
7. 틈날 때마다 원어민의 음성을 듣고 따라 하며세도잉 수시로 복습한다.

한영 스위칭 연습이 어렵다고 느낀다면, 다음과 같이 동그라미를 그리면서 3단계로 연습을 하면 더 재밌게 진행할 수 있다.

1. 1초 만에 바로 말할 수 있는 문장은 O 표시를 하고 넘어간다.
2. 바로 안 나오는 문장에는 / 표시를 한다.
3. O 표시가 연속으로 3개 또는 5개 될 때까지 연습한다.

　이렇게 하면 잘 안 외워지는 문장을 반복 연습할 수 있어서, 완전히 내 것으로 만드는 데 큰 도움이 된다. 꾸준한 한영 스위칭 연습으로 영어 말하기 자신감을 더 키워보자.

• 한영 스위칭 연습 방법 동영상

스토리 서머리로
영어 말문 틔우는 법

"내 아이도 동빈이처럼 영어로 서머리 할 수 있을까요?"

엄실모 카페에서 많이 받는 질문 중 하나다. 동빈이와 매일 '낭독하기-듣고 따라 하기'를 실천하면서 유창하게 읽는 수준이 되었을 때 스토리 서머리를 시작했다. 짧은 기간에 영어 말문이 트이기까지 많은 도움이 된 효과 만점 학습법이었다.

우리나라에 살면서 영어로 말해볼 수 있는 기회는 사실 그리 많지 않다. 그래서 말할 수 있는 기회를 더 만들어보고자 시작한 것이 '스토리 서머리'였다. 아이디어는 국내파 영어 고수들의 학습법을 연구하면서 얻었다. 그 고수들이 강조한 공통적인 내용이 바로 "혼자 말해보기"였다. 하지만 아직 영어 말하기 경험이 부족한 아이들이 바로 혼잣말 연습을 하기는 어렵다. 그래서 아이가 재미있게 본 영상이나 책의 스토리를 요약해서 다시 말해보게 하는 것이다. 쉽고 재미있는 스토리가 아이들 말문 틔우기 연습에는 최고의 교재다.

• 동빈이 스토리 서머리 동영상 (2017년)

동빈이는 처음에는 한두 문장 말하기도 힘들어했다. 하지만 매일 연습해서 녹음한 걸 카페에 인증하면서 조금씩 익숙해지기 시작했다. 중간중간에 안 하겠다고 떼쓴 적도 있지만, 그 효과를 알기에 잘 달래서 꾸준히 시켰다. 지금은 습관이 되어 혼자 알아서 녹음도 척척 잘하고 인증까지 한다.

아주 쉬운 리틀팍스 스토리부터 시작했는데, 요즘은 《해리포터》 같은 책을 읽고 챕터 북을 능숙하게 서머리 한다. 스토리 서머리를 하는 동안 스토리 안의 어휘나 표현 등을 자연스럽게 사용하며 완전히 자기 것으로 만들 수 있다. 그리고 유창하게 말하는 것은 물론 논리적인 사고력도 키울 수 있다.

동빈이의 경우 낭독과 서머리를 매일 하며 자신감이 생긴 덕에 영어 말하기 대회, 영재 교육원 면접시험에서 큰 도움을 받았다. 요즘에도 혼자 서머리 하는 걸 녹음해서 열심히 카페에 인증하고 있다.

• 동빈이 스토리 서머리 동영상-2021년

처음에는 힘든 게 당연하다

'서머리' 또는 '리텔링'을 정의하자면, '책이나 영상에서 본 내용을 자신만의 언어로 다시 말해보는 방법'이라고 할 수 있다. 그런데 사실 서머리를 처음부터 잘하기는 어렵다. 우리말로 해도 쉽지 않기 때문이다. 영어책으로 바로 시작하는 것이 힘들다면, 한글 책으로 먼저 연습해보고 영어책에 도전하는 방법도 있다.

스토리 서머리에 처음 도전한다면, 우선 쉽고 짧은 내용의 그림책이나 리더스북으로 시작하는 것이 좋다. 리틀팍스 Level 1-3 정도, 리딩 교재인 브릭스 리딩 Level 30~100 정도의 책들도 서머리 연습하기에 적합하다. 스토리 서머리가 생소해서 힘들어하는 아이들은 아래와 같은 방법으로 시작해보자.

1. 읽은 책(스토리)에 5점 만점 중 원하는 별점 주게 하기

From one to five stars, how many stars do you want to give to this story? 이 스토리에 별점 몇점을 주고 싶나요?

I'd like to give five stars because it was fun. 저는 5점을 주고 싶어요. 왜냐하면 재미있어서요.

2. 읽었던 책의 그림만 보면서 주요 내용을 말해보기

글 내용을 살짝살짝 보면서 하는 것도 괜찮다. 많이 읽은 책들은 거의 외워서 말하기도 하는데, 그렇게 하는것도 아주 훌륭하다. 이 단계가 지나면 곧 응용을 해서 자기 언어로 말하게 될 것이다.

만약 아이가 전체 스토리를 한 번에 말하기 힘들어한다면, 이야기 순서대로 말할 수 있게 유도한다.

(1) What happened first? 처음에 어떤 일이 일어났나요?

(2) What happened next? 그리고 다음에 어떤 일이 일어났지요?

(3) What happened at the end? 마지막에는 어떤 일이 있었나요?

3. 책 표지를 보면서 가장 기억나는 장면 또는 재미있었던 장면 이야기해보기

What is your favorite part in the story? 스토리에서 어떤 부분이 제일 좋았나요?

처음에는 힘든 게 당연하다. 하지만 점점 익숙해지면 아이들도 재미를 느낀다. 문법이나 문장이 틀리더라도 자꾸 말해보는 기회를 만드는 게 스토리 서머리의 핵심이다. 틀린 점을 절대 지적하지 말고, 아이가 말하려고 시도하는 자체를 무한 칭찬으로 보상해야 한다. 특히 다른 아이와의 비교는 절대 금물! 지금 잘하는 것처럼 보이는 다른 집 아이도 처음에는 다 똑같았다. 다만 매일매일 꾸준히 연습한 결과 좀 더 익숙해진 것뿐이다.

현재 서윤이는 스토리 서머리를 즐기고 있지만 처음부터 잘한 것은 아니었다. 서윤이도 처음에는 글밥이 적은 영어책으로 시작했다. 한 권의 책을 여러 번 들으면서 눈으로 따라 읽었고, 그런 다음 큰소리로 낭독했다. 그렇게 반복을 하다 보니 문장과 표현이 저절로 외워져 어렵지 않게 스토리 서머리를 할 수 있게 되었다.

스토리 서머리한 책들이 쌓이면서 리딩하는 책의 수준도 높아졌다. 영어 공부를 통해 성취감을 맛본 서윤이는 책의 수준을 높이는 데도 열심이었다. 그런 만큼 잘하고 싶은 욕심이 생겨서, 스토리 서머리와 말하기가 뜻대로 되지 않을 때는 속상해서 우는 날도 있었다. 하지만 꾸준함보다 더 훌륭한 스승은 없다. 날마다 차곡차곡 쌓은 스토리 서머리 연습과 말하기 훈련 덕분에, 지금 서윤이는 영어 학원 한 번 안 다니고도 영어로 술술 말한다. 그리고 카페에 인증하고 싶다며 엄마한테 녹음을 해달라고 먼저 조른다고 한다. 스토리 서머리하는 재미에 흠뻑 빠져 있는 서윤이를 보면서, '꾸준히 노력하면 누구든 영어를 잘할 수 있겠구나!' 하는 생각이 들었다.

• 서윤이 스토리 서머리 인증 동영상

언어 학습의 최고 방법은 바로 반복이다

서머리를 할 때 녹화한 것을 카페에 인증한다고 아이에게 먼저 이야기한 후 녹음을 하면 더 효과적이다. 아이는 더 잘하기 위해 스스로 여러 번 연습을 하게 된다. 그리고 이 과정이 자연스런 반복 연습으로 이어진다. 언어 학습의 최고 방법은 바로 반복이다.

참고로, 스토리 서머리는 아이가 어느 정도 유창하게 읽는 수준에 이르렀을 때 하는 것이 바람직하다. 즉, 앞 장에서 제시한 읽기 독립 단계를 기준으로 볼 때 읽기 독립 2단계AR 1~2에서 낭독, 세 번 읽기 연습 등을 통해 소리 내어 읽기에 유창해졌다면 읽기 독립 3단계AR 2~3 정도에서 시작하는 것이 좋다. 물론 더 일찍 시작한다면 더 빨리 말하기에 익숙해질 수 있다.

처음엔 대부분의 아이들이 스토리 서머리를 힘들어한다. 우리말로도 요약해서 말하기는 힘드니 속상해할 필요 없다. 스토리 서머리가 어려운 아이들은 다음과 같이 '동시통역 훈련'에 따라 기본 말하기 연습을 좀더 해보기를 추천한다. 듣고, 읽고, 핵심 문장 외우기 등을 거치면서 영어 엔진이 만들어 지고, 자신감이 생긴다. 앞서 소개한 한영 스위칭 연습과 비슷하지만, '동시통역 훈련'은 정해진 교재가 아닌 자기만의 동시통역 노트를 만들어서 진행한다.

단, 아이도 말하기 연습의 필요성을 공감한 상태에서 하는 것이 좋다. 아이 스스로 영어말하기를 잘하고 싶은 마음이 있어야 효과가 있기 때문이다. 엄마 아빠가 함께 동시통역 연습을 하면서 누가 더 잘하나 게임식으로 진행해볼 것을 권한다. 예전에 동빈이와 함께 동시통역 연습을 많이 했었는데, 내 공부에도 많은 도움이 되었다. 가끔씩 내가 틀리게 말하면때론 일부러 동빈이는 엄청 즐거워했다.

언어 습득은 물론 암기로만 할 수는 없다. 그래도 동시통역 연습 과정을 통해 단어와 표현에 익숙해지고, 우리말과 영어 어순의 차이점을 자연스럽게 깨달을 수도 있고, 영어를 직접 말해 보는 과정을 통해 영어 말하기에 대한 자신감을 증폭시킬 수 있다. 시간이 지나면 물론 외운 표현을 모두 다 기억할 수는 없겠지만, 에빙하우스 망각 곡선의 원리를 이용해서 주기적인 복습을 반복하면 더 많은 표현을 내 것으로 만들 수 있다.

스토리 서머리는 말을 요약해야 하는 사고의 과정이 들어가기 때문에 아이들이 어려워 하지만 동시통역 훈련은 주어진 우리말을 보면서 할 수 있어서 훨씬 부담감이 적다. 그리고 맥락이 있는 재미있는 스토리에서 아이가 직접 선택한 표현을 입으로 반복해서 연습하기 때문에 장기기억으로 갈 확률이 높다. 시험공부 하듯이 너무 완벽히 외우려 하지 말고, 아이와 함께 즐겁게 게임하듯이 도전해보자.

동시통역 훈련법

1) 자신이 원하는 스토리를 골라서 재미있게 읽거나 집중 듣기 하기

2) 한 문장씩 듣고 또는 들으면서 따라 하기세이펜, CD 등 활용

3) 큰소리로 낭독 연습하기. 너무 길지 않게 한다. 처음에는 2~3분 내외가 적당하다. 낭독을 할 때는 최대한 연기하듯이 캐릭터의 목소리를 흉내 내어 연습한다. 뇌과학자의 말에 따르면, 감정을 넣어 읽으면 전두

엽이 자극을 받아 기억력이 훨씬 좋아 진다고 한다.

4) 생소하거나 본인이 나중에 사용하고 싶은 표현을 3~5개 정도 골라서 노트에 정리한다. 왼쪽에 한글 표현, 오른쪽에 영어 표현을 적는다. 아래 동시통역노트 만들기 방법을 참고하자.

5) 정리한 표현을 큰소리로 감정을 넣어 5~10번 읽으면서 체화시킨 뒤, 한글 표현을 보고 바로 바로 영어 표현을 말할 수 있을 때까지 연습한다.

6) 연습이 다 되었으면 노트를 접어 왼쪽 페이지의 한글 표현을 보고 영어로 말해본다. 아이와 함께 하면 더 효과적이다. 서로 뒤 페이지의 영어 표현을 보면서 맞게 했는지 확인해준다.

7) 스마트폰으로 녹음 또는 동영상 촬영.한글 부분만 나오게 해서 촬영

처음엔 어색해도 자신의 부족한 점을 고치고, 또 자연스럽게 복습이 된다.

8) 녹음한 영상을 카페나 자신의 SNS에 인증한다.

9) 자신감 충전 끝! 이제 스토리 서머리 도전 !!

■ 동시통역노트 만들기

읽은 스토리가 잘 기억이 안 나고 막연해서 스토리 서머리를 어려워 한다면 먼저 동시통역 노트를 활용해보자. 스토리에서 가장 중요한 3~5문장의 한글 표현을 순서대로 적어놓고 영어로 말해 보는 것으로 시작하는 것이다. 아이들에게 적절한 인지적 도움과 안내를 제공하여 학습을 촉진시킬 수 있는 일종의 스캐폴딩scaffolding이 될 수 있다. 자신감이 생기면 점점 문장 수를 늘려 나간다.

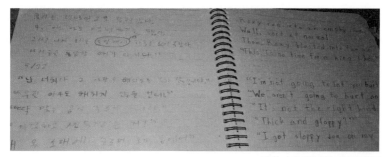

• 동빈이가 만든 동시통역노트

언제든지 꺼내서 쓸 수 있는 자기만의 영어 표현을 저장할 수 있는 나만의 필살기인 동시통역 노트를 만들어 보자. 동시통역 노트를 만들 때는 스프링노트를 권장한다. 보기에 편하도록 한 칸씩 띄어서 여유 있게 작성한다.

1. 아이와 함께 스토리에서 나중에 꼭 말해보고 싶은 재미있는 표현을 고른다.

2. 왼쪽에 한국어 표현, 오른쪽에 영어 표현을 적는다. 우리말 표현을 잘 모를 경우 번역기 앱을 이용한다. 리틀팍스, 브릭스리딩 교재는 홈페이지에서 한글 해석본을 구할 수 있다.

3. 문어체보다는 구어체, 회화체 중심의 표현을 선택하는 것이 좋다.

4. 노트가 완성되면 위에 동시통역 훈련법에 따라 아이와 함께 즐겁게 연습해본다.

☞ 자연스럽게 나오지 않는 문장은 별 표시한 뒤 큰소리 다시 열 번 읽는다. 전체 문장이 막힘없이 바로바로 나올 때까지 연습한다. 별 표시된 문장을 일주일 단위로 다시 복습한다.

☞ 동시통역 노트에 적은 문장의 주어를 바꾸거나 내용을 살짝 바꿔서 말해본다. 단순히 암기만 하는 것보다 다른 문장을 만들어낼 수 있는 응용력을 키움으로써 영어 말문을 틔우는 데 효과적이다.

ex) Kipper wanted a party.

　　→ My mom wanted a party.

　　→ Kipper wanted a toy. etc.

☞ 주기적으로 전체 스토리를 음원으로 들으며 복습한다.

맥락이 있는 내용을 쓰고 입으로 연습해 보았기에 장기기억으로 만들기에 용이하다.

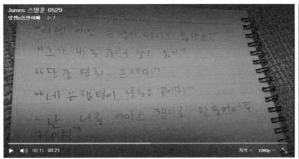

• 동빈이 동시통역 훈련 동영상

위의 방법을 통해 같은 문장을 반복해서 읽고 듣고 말해보면 자연스럽게 영어 문장에 익숙해진다. 동빈이의 경우 동시통역 훈련에 사용했던 리틀팍스 스토리를 가끔씩 식사시간에 흘려 듣기로 다시 복습했다. 어떤 스토리의 경우 100번도 넘게 들은 것도 있다. 그랬더니 나중에는 영어 문장이 통째로 암기가 돼서, 다음 대사가 자동으로 튀어나왔다. 제법 비슷하게 보이스 액팅까지 하면서 말이다.

이렇게 낭독, 한영 스위칭 연습, 동시통역 훈련 등 말하기 연습을 충분히 한 후 스토리 서머리를 했더니 별 어려움 없이 즐겁게 진행할 수 있었다. 요즘 동빈이는 혼자서 스토리 서머리를 녹음해서 카페에 인증하고 있다. 어느새 습관이 되어 스스로 인증하는 것이 일상이 되었다. 수동적인 학습에서 한 발 더 나아가, 직접 읽을 책을 선택하고 재미있게 읽은 스토리를 요약해서 말해 보고 본인 스스로 카페 인증까지 자기주도적으로 영어 공부를 하게 된 것이다.

온라인 어학연수로
원어민처럼 유창하게

2020년, 코로나 팬데믹으로 전 세계가 멈춰버렸다. 그러나 우리의 삶은 멈출 수 없기에 언택트untact를 넘어선 온택트ontact에 대한 관심이 고조되고 있다. 온택트ontact는 포스트 코로나 시대에 어쩔 수 없는 선택이기도 하다. 아빠들은 재택근무를 하며 화상회의를 하고, 아이들도 어느새 온라인 등교에 익숙해졌다. 뉴스 기사를 보니 팬데믹이 시작되면서 화상영어가 더 많은 인기를 끌고 있다고 한다. 아이들의 건강과 안전을 고려한, 부모들의 어쩔 수 없는 선택이 아니었나 싶다.

그렇다면 효과 면에서는 어떨까? 사람마다 차이는 있겠지만, 그동안의 나의 경험으로 봤을 때는 투자 대비 가성비가 좋은 대안 중의 하나라고 생각한다. 유창하게 영어 말하기를 하고 싶다면 화상영어는 현재로선 어쩔 수 없는 선택이다. 언어 습득 이론에 출력이론Output

Theory과 상호작용가설Interaction Hypothesis이 있다. 쉽게 설명하자면, 언어는 직접 입 밖으로 말해보고 상대방과 대화를 해봐야 습득이 가능하다는 것이다.

우리말을 배울 때를 생각하면 이해가 빠를 것이다. 아기는 '엄마', '맘마' 라는 단어를 수백 번, 수천 번 들은 끝에 하나둘씩 말을 배워나간다. 그리고 쉽고 간단한 말부터 시작해서 엄마 아빠와 대화하는 과정을 통해 언어를 습득한다. 이런 과정 없이 문자로만 익혀서, 자연스럽게 우리말을 잘할 수는 없다. 하지만, 현실적으로 부모가 집에서 영어 말하기 환경을 만들어주기가 쉽지 않기에, 제한된 시간이나마 원어민과 말할수 있는 기회를 만들어주는것이 필요하다.

나도 화상영어의 도움을 많이 받았다. 영어 말하기를 위해 미국 어학연수부터 시작해서 국내 대형 어학원 수강 등등 많은 돈을 쏟아부었지만, 비용 대비 큰 효과를 보지 못했다. 그 외 원어민 친구 사귀기, 종교 행사 참석 등 해볼 수 있는 방법은 다 찾아 해본 듯하다. 그러다가 시작한 화상영어는 비용 대비 만족도가 만점이었다. 기술이 발달하면서 화상영어의 수업 수준이 올라가고 많은 업체들이 서로 경쟁하면서 가격도 저렴해진 덕이다.

내 아이만큼은 단순히 좋은 시험 성적이 아니라 '자유로운 의사소통' 할 수 있기를 바라는 마음으로 동빈이는 어릴 때부터 화상영어를 계속

시키고 있다. 영어 말하기는 직접 해봐야 는다는 걸 경험을 통해서 알았기 때문이다. 학원에 보내는 비용을 생각하면 그리 부담스러운 가격도 아니다. 솔직히 동빈이가 화상영어를 통해 원어민과 즐겁게 대화하는 것을 보며 부럽기도 했다. 나도 어렸을 때부터 재미있는 원서를 읽고 화상영어를 통해 원어민과 자주 대화할 수 기회가 있었다면 영어 때문에 오랫동안 힘들어하고 고민하지 않아도 되었을 텐데 말이다. 그동안 영어말하기를 잘하기 위해 어학연수와 학원 등에 쏟아부은 시간과 비용이 아깝기도 했다.

영어 말하기는 꾸준히 하지 않으면 금방 입이 굳어 버리기 때문에, 나는 요즘도 화상영어를 통해 원어민들과 이야기하고 있다. 같은 강사와 자주 이야기하다보면, 비록 온라인상이지만 친구가 되는 경우도 있다. 매일 '영어' 라는 도구를 통해 외국인과 이야기하면서 글로벌 시대를 살아가는 지구 시민으로 시야를 넓혀 갈 수 있다.

화상영어의 장점

이외에도 화상영어 장점은 많다.

1) 일대일 수업이므로 내 아이 수준에 맞는 교재와 커리큘럼으로 수업할 수 있다.

일대 다수의 수업은 시스템에 아이를 맞춰야 하지만 화상영어는 일대일 수업이기에 조율이 가능하므로 어느 정도의 맞춤형 수업을 진행할 수 있다. 화상영어 회사를 선택할 때 아이의 흥미와 관심을 고려해 줄 수 있는 곳인지 꼭 확인해보자.

수줍음이 많아서 학원에서는 좀처럼 입을 열지 않는 아이도 일대일 수업에서는 달라진다. 단, 아이와 원어민 강사가 서로 잘 맞는지 엄마도 관심을 갖고 확인해야 한다. 수업이 자동으로 녹화돼서, 아이들 수업을 가끔 모니터링 할 수 있는 업체를 선정하면 확인하는 데 도움이 된다.

2) 아이들의 영어에 대한 태도가 달라진다.

직접 원어민과 대화를 나눌 기회를 가지면서 영어가 단순히 시험 과목이 아닌 언어라는 사실을 직접 느끼게 된다. 물론 처음엔 말할 수 있는 단어나 표현이 많지 않기에 답답함을 느낀다. 그런데 오히려 그 답답함 때문에 영어 공부에 대한 동기가 더 커지기도 한다. 5학년 준우는 화상영어 선생님께 하고 싶은 말을 수업 전에 번역 앱을 통해서 찾아보곤 하는데 그게 말하기 실력 향상에 도움이 많이 되었다고 말한다.

사람은 누구나 자기표현에 대한 욕구가 있다. 아이들도 마찬가지다. 언어소통에 답답함을 느껴보면, 책을 읽을 때나 영상을 볼 때 더 집중하게 된다. 거기서 나오는 단어와 표현들이 실제 말할 때 쓸 수 있는 좋은 재료이기 때문이다.

3) 학원에 왔다 갔다 하는 시간과 에너지를 아낄 수 있다.

그 시간에 책 한 권 더 볼 수 있는 여유가 생긴다. 물론 학원에 다니면서 화상영어를 병행할 수도 있다. 그런데 집에서 엄마표영어로 책 읽기와 낭독 등을 진행하면서 화상영어까지 한다면, 굳이 학원에 보낼 필요가 없다. 효과 면에서 훨씬 뛰어나기 때문이다.

4) 공간에 제약이 없다.

요즘은 화상영어 대부분이 스마트폰과 태블릿으로도 수업을 할 수 있게 되어 있어서, 꼭 집이 아니어도 수업이 가능하다.

주의할 점은, 화상영어 업체에 따라서 수업의 질이 달라질 수 있으므로 업체 선정에 주의가 필요하다는 것이다. 무조건 싼 수강료를 제시하는 곳은 피하는 것이 좋다. 대부분 몇 명 되지 않는 강사로 운영되는, 홈베이스의 영세한 업체일 수 있기 때문에 커리큘럼이나 원어민 강사의 수준이 보장되지 않는다.

화상영어, 몇 살부터 시작할까?

화상영어를 시작하는 나이에 대해서는 의견이 분분한데, 개인적으로는 최소한 영어 듣기에 1~2년 정도 노출된 7세 이상인 아이에게 효과적이라고 본다. 물론 더 어린 경우에 시작하는 경우도 있다. 무료 체험이 가능한 업체라면 수업 뒤 아이의 반응과 의견을 반영해서 결정하면 된다.

시차와 인건비 문제로 우리나라 대부분의 화상영어 업체들은 필리핀 강사를 고용하고 있다. 가끔 필리핀 강사의 발음이나 편견 때문에 필리핀 화상영어를 꺼리는 사람들이 있지만 영세한 저가 업체가 아니라, 수준 높은 강사를 직접 채용하는 좋은 업체를 잘 선택한다면 필리핀 화상영어의 가성비는 높다. 특히 우수한 강사진은 발음이나 언어 수준을 볼 때 북미 원어민과 큰 차이가 없다.

물론 북미 발음과 완전히 같지 않을 수도 있지만, 영어가 더 이상 특정 지역의 전유물이 아닌 세계 공용어Lingua Franca로 사용되기에 큰 문제는 없다. 토익이나 토플에서도 다양한 악센트의 영어 발음이 문제로 출제되고 있는 추세다. 영어 말하기가 유창한 수준이 아닌 이상 필리핀이나 기타 지역의 강사도 무방하다. 굳이 더 비싼 수강료를 지불하면서 무조건 북미 강사를 선호할 필요가 없다고 본다. 영어를 모국어가 아니라 제2외국어로 배웠기 때문에 오히려 말하기 초보자들을 더 잘 이해하고 격려해줄 수 있는 긍정적인 면도 있다. 책 읽기나 영어영상 추천 등 자신들이 했던 영어 학습 방법들을 학생들에게 친절히 알려주기도 한다. 그 외, 영어 말하기가 이미 유창하거나 또는 영어권 국가로의 유학이나 이민 또는 영어권 현지 표현이나 문화 등을 배우고 싶은 경우라면 북미 원어민 수업이 더 유리하다.

화상영어를 할 때도 제일 중요한 건 아이의 의견이다. 아무리 좋다고 해도 억지로 시킬 수는 없으니 아이의 의견을 먼저 묻고 진행하는 것이 좋다. 그리고 아이의 흥미와 수준을 잘 고려한 수업인지 꼼꼼히 따져봐야 한다. 일대일 수업이므로 최대한 원하는 수업이 진행될 수 있도록 회사 측에 적극적으로 어필하는 것도 잊지 말자.

동빈 화상영어 수업

영상시청

• 동빈이 화상영어 수업 비포 & 애프터 동영상

하루 10분, 자투리 시간을 활용한
영어 성공 습관 만드는 비밀

세상이 갈수록 점점 더 빠르게 돌아가고 있다. 엄마, 아빠, 아이들 모두 눈코 뜰 새 없이 바쁜 요즘이다. 세상 모든 일이 다 그렇듯, 영어도 제대로 배우고 익히려면 꾸준한 시간과 노력을 투자해야 한다. 그런데 아쉽게도, 하루는 24시간밖에 안 되고 시간은 늘 부족하다.

영어 전문가들은 하루에 적어도 3시간 이상은 영어 공부에 투자해야 한다고 말한다. 마음이야 굴뚝같지만 매일 지키기에는 현실적으로 쉽지 않은 일이다. 하지만 외국어에 익숙해지기 위한 최소의 임계량은 채워져야 한다. 언어학자들은 그 시간을 보통 2,000~3,000 시간이라고 얘기한다. 따라서 하루에 투자하는 시간이 많다면 그 만큼 더 빨리 채워질 것이다. 그런데 상당수가 그 시간을 채우기 전에 포기한다. 그래서 영어의 습관화, 생활화가 중요하다. 세 시간씩 앉아서 영어를 공부할 시간을 확보하기가 쉽지 않으므로, 짬짬이 시간을 내서 영어 노출을 시켜주는 것이다.

예를 들어, 아침에 일어나서 등교 전 까지 최소한 10~20분 정도는 영어 소리에 노출시켜 줄 수 있다. 어제 집중 듣기 했던 오디오를 틀어주거나, 아이가 좋아하는 영화나 온라인 영어도서관의 음원을 들려주는 것이다. 방과후 간식을 먹으면서 재미있는 영어 동영상을 보게 하면 다시 또 10~20분 정도를 확보할 수 있다. 직장 맘일 경우 매일 계획표를 만들어서 아이와 약속을 정한 뒤 스스로 체크하게 습관을 들이면 좋을 것이다.

숨어 있는 시간을 찾는다

저녁 시간에는 학원에 다닌다 생각하고, 한 시간 이상은 꼭 확보해보자. 학원에 다니는 것처럼 아예 시간을 정해서 매일 계획표에 적어 놓는 것이다. 그리고 잠자기 전 30분은 온 가족이 모여 책을 읽는 베드 타임 독서시간으로 만들자. 이렇게 숨어 있는 시간을 잘 활용하면 최소한 하루 두 시간은 확보가 가능할 것이다. 영어 공부하는 시간과 내용을 정해서 매일 계획표에 기록하고 눈에 잘 띄는 곳에 놓아두면 실천에 더 도움이 된다. 스티커를 활용해 아이 스스로 체크하도록 함으로써 자기주도적 습관도 만들 수 있다.

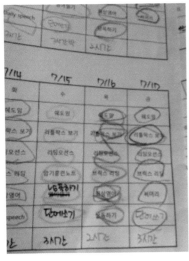

• 엄실모 카페 맘의 매일 실천 계획표

운동을 하기 위해서 꼭 휘트니스 센터에 가야 하는 것은 아니다. 운동 습관만 들인다면 틈나는 대로 계단 걸어 올라가기, 앉았다 일어났다 하기, 빠르게 걷기, 푸시업, 윗몸일으키기 등 얼마든지 할 수가 있다. 그것이 습관화, 생활화다. 영어 공부를 위해 하루에 한 시간 정도 밖에 시간을 내기가 힘들다면, 나머지는 짬짬이 인풋과 아웃풋으로 채우면 된다.

생활화, 습관화를 통해 영어 공부, 특히 말하기 연습을 함께 하면 아이들의 영어 자립 가능성이 훨씬 높아진다. 매일 책 읽기를 통해 읽기 독립을, 낭독하기, 한영 스위칭 연습, 스토리 서머리, 화상영어를 매일 하면서 틈날 때마다 영어 소리를 듣고 따라 말하기를 하면 영어 말문이 꼭 터지게 할 수 있다.

무엇이든 매일매일 하면 위대해진다고 한다. 습관 형성에 66일이 걸린다고 하니, 그 시간만이라도 우선 도전해보자. 달력에 도전 목표를 적고, 제대로 실천한 날에는 동그라미를 쳐나가는 방법도 있다. 또는 칭찬 스티커판에 스티커를 붙여주면 시각화가 되어, 동기 부여에 효과적이다. 스티커를 다 붙인 아이를 칭찬하며 작은 보상을 해준다. 참고로, 스티커판은 네이버 등 포털 사이트에서 검색하면 무료로 다운로드 받아서 사용할 수 있다.

1분 영어 말하기 연습

영어 말문 트이기에 효과적인 1분 영어 말하기로 하루를 마감해보자. 짜투리 시간을 활용해서 말하기 유창성을 키워줄 최고의 학습법이다. 그날 있었던 일 중 가장 즐거웠거나 기억나는 일, 또는 하루 일과를 정해진 형식 없이 자유롭게 말해보는 것이다. 말할 소재가 딱히 없으면 그날 읽었던 책 소개를 해보는 것도 좋다.

미국 교실에서 학생들의 발표력을 키워주기 위해 하는 Show & Tell에 도전해볼 수 있다. 스마트폰으로 녹음을 하거나 영상을 찍어서 같이 보면 효과가 배가 된다. 엄실모 카페의 Sally와 Dorothy 자매, 현준이 등 많은 아이들이 재미있는 비디오 효과앱을 이용해 1분 말하기 연습 영상을 올리는데 아이들의 모습에 자신감이 넘친다. 동빈이도 레고 만들기, 스피너, 카드 마술 등의 말하기 영상을 올리면서 스피킹 유창성 향상에 많은 도움을 받았다.

영어 말하기에 한참 재미를 느끼고 있는 서윤이는 요즘 거의 매일 1분 말하기 연습을 한다. 과학시간에 만든 로봇 모형을 소개하고, 자기가 제일 좋아하는 인형이나 책 소개도 한다. 가끔 문법에 오류도 있고 표현이 정확하지 않을 때도 있지만, 자신감 있게 막 말해보기는 영어 말하기 실력 향상에 큰 도움이 된다. 서윤이의 '틀려도 마구 말해보기' 인증 글을 보면 억지로 시켜서 하는 게 아니라 영어 말하기를 정말 즐긴다는 걸 알 수 있다.

틀려도 좋으니까 아이들이 자신 있게 영어로 말할 수 있게 격려해주자. 처음에는 정확성보다는 무조건 유창성이다. 많이 틀릴수록 영어 말하기를 잘할 가능성이 높아진다. 시간이 지날수록, 점점 어법에도 맞게 영어를 술술 말하는 아이를 보면 신비로운 언어 습득 과정에 대한 경외감이 느껴질 것이다.

• 서윤이 1분 말하기 연습 동영상

생활화, 습관화가 기적을 만든다

성공에는 도미노 법칙이 있다고 한다. 짬짬이 인풋과 아웃풋을 통해 영어 공부 습관을 만들고 작은 성공을 거둔다면, 다른 것을 배울 때도 같은 방법을 적용할 수 있다. 예를 들어, 중국어를 배울 때나 피아노, 자전거, 농구처럼 새로운 뭔가를 배울 때 그대로 적용하면 된다.

동빈이가 그렇다. 영어에 자신감이 생기자 중국어도 영어를 배운 방법대로 쉽게 익혔다. 그리고 그렇게나 싫어하던 운동도 좋아하게 되었다. 가장 인상적이었던 것은 우쿨렐레 연주였다. 어릴 때부터 악기를 시켜 보려고 했지만 번번이 실패했는데, 요즘에는 우쿨렐레에 빠져 스스로 유튜브 영상을 찾아보면서 연습하고 심지어 화장실에 갈 때도 우쿨렐레를 갖고 들어간다.

운동, 악기, 언어 그 무엇이든, 생활화와 습관화를 만들어 연습하면 누구나 잘할 수 있다. 또 '연습만 하면 뭐든지 잘할 수 있다'는 자신감이 생긴다면 아이의 자존감에도 긍정적인 영향을 미치고 세상을 살아가는 데 큰 힘이 될 것이다.

함께 가면
험한 길도 쉬워진다

실천은 오늘부터, 날마다!

구해줘 맘즈!
맞벌이, 독박육아로 지쳐가는 엄마들

"여자는 약하다. 그러나 어머니는 강하다."

많이 들어본 말인데……. 출처가 궁금해서 찾아보니, 뜻밖에도 19세기 낭만주의의 거장 빅토르 위고가 남긴 말이었다. 한국의 어머니든 유럽의 어머니든, 어머니들은 모두 이렇게 강한 존재로 각인되어 있나보다.

〈조선비즈〉에 기고된 '김형근 과학칼럼'에 따르면 어머니가 되면 실제로 더 강해진다는 과학적인 근거도 있다고 한다. 영국의 유력 일간지 〈텔레그라프〉는 과학자의 연구 결과를 인용해서 "여자는 아기를 임신하고 출산해서 엄마가 되는 과정에서 아기를 잘 키울 수 있도록 그에 맞는 두뇌 기능이 강화된다"고 보도한 적이 있다. 다시 말해, 출산을 하면 머리가 명석해진다는 내용이다.

칼럼에 따르면 미국 버지니아에 있는 리치몬드대학 신경과학과 크레

이그 킨슬리Craig Kinsley 교수가 이끈 연구팀도 논문에서 "애를 낳은 경험이 없는 여자와 엄마가 되어본 여자는 기본적으로 상당히 다르다"고 밝힌 바 있다.

연구팀은 〈엄마가 된다는 것motherhood이 여자에게 미치는 영향〉이라는 논문에서 "여성이 엄마가 되고 나면 아기와 잘 지내면서 외부의 도전에 좀 더 적응할 수 있는 능력이 배양된다"며 "그러한 변화는 계속돼 남은 인생에 중요한 영향을 미치며 특히 인식 능력이 향상되고 질병에 대항해 자신을 보호하는 능력도 증가한다"고 한다. 출산한 여성들이 100세까지 살 확률은 출산 경험이 없는 여성보다 4배나 높다는 연구 결과도 있다니 놀랍다.

남자들은 결혼 뒤 아내가 여자에서 어머니로 변신(?)하는 모습을 보면서, "여자는 약하다. 그러나 어머니는 강하다"라는 말을 한 번씩은 떠올리지 않을까 싶다.

아내와, 세상의 모든 어머니가 존경스럽다

분만실에서 10시간 넘게 고생하면서도, 아내는 아이를 위해 자연분만을 원했다. 아이를 낳은 뒤에도 맞벌이를 하며 육아에 전념했다. 아이에게 헌신하는 아내를 보며, 세상의 모든 어머니는 위대하다는 것을 다시

한 번 느꼈다.

사실 동빈이가 영어를 잘하게 된 데에는 아내의 역할이 컸다. 영어 노출과 환경 만들기는 내가 적극적으로 했지만, 현재 좋은 성과를 이룰 수 있었던 큰 이유는 어릴 때부터 꾸준히 한글책으로 독서를 한 데 있다. 아내는 퇴근 뒤 피곤함을 무릅쓰고 늦은 밤까지 잠자리 독서를 하며 아이에게 책을 읽어주었다. 목도 아프고 몸도 피곤했을 텐데 아내는 힘든 내색 한 번 하지 않았다.

온라인에서 엄마표영어 카페를 운영하면서 많은 엄마들과 소통해오고 있다. 그러다보니 엄마들의 고충이나 힘든 사정도 많이 이해하게 되었다. 똑같이 직장생활을 하는데도 식사 준비며 아이 돌보기와 교육하기, 집안일 등을 도맡아서 하는 경우가 많았다. 시대가 변했다고는 하는데 흔히 말하는 '독박육아'는 여전하고, 그 때문에 육체적 피로뿐만 아니라 우울감을 느끼는 엄마들도 많았다.

수철이 엄마는 바쁜 남편 때문에 육아를 혼자 도맡다시피 하면서, 남자아이 둘을 키우느라 마음고생이 이만저만이 아니었다. 남자아이들이라 그런지, 때론 너무 거칠고 이해하기 힘든 행동을 해서 몸과 마음이 많이 지쳤다. 상담도 받아보고 세미나에도 참석하면서 우울한 마음을 이

겨내려고 노력을 많이 했다고 한다.

아이들이 크면서 상황은 좀 나아졌지만 여전히 매일 매일이 도전이다. 아침에 일어난 순간부터 저녁에 아이들 재우기까지, 하루해가 어떻게 가는지 모를 지경이라고 한다. 그 가운데 엄마표영어를 실천하기 위해서 책 한 권이라도 더 읽혀보려고 달래기도 하지만 아이들은 엄마 마음을 몰라주어 속상하기도 하다. 거기에 남편은 도와주기는커녕 "왜 유난 떨면서 아이를 힘들게 하느냐"고 쥐어박는 소리를 하니……

아이를 사랑하기에 오늘도 엄마는 더 강해지려고 애써보지만, 엄마도 때로는 힘들다. 그래도 아침이 되면 다시 또 아이들 밥 챙겨주고 미래를 위해서 교육에 최선을 다하는 대한민국 어머니들 모두가 진심으로 존경스럽다.

사랑은 'Because~ 때문에'가 아니라 'In spite of~임에도 불구하고'라고 한다. 엄마들의 헌신적인, 무조건적인 사랑이 그렇다. 엄마의 사랑은 아이들이 항상 예뻐서가 아니라, 때론 마음 아프고 힘들어도 엄마의 끝없는 사랑은 계속된다.

아빠의 칭찬은
엄마와 아이들을 춤추게 한다

내 아버지는 아주 엄하신 분이었다. 특히 장남인 나에 대해서는 더욱 그랬다. 그래서 작은 실수라도 하면 불호령을 들어야 했다. 어린 시절 손재주 많고 영리하던 동생과 비교당하는 일도 잦았다.

자라면서 만들어진 부모와의 관계는 한 사람의 인생에 커다란 영향을 끼치는 것 같다. 나도 늘 편치 않은 아버지와의 관계로 인해 자존감에 많은 상처를 받았다. 물론 성인이 되어 갖은 노력 끝에 극복했지만, 그때의 경험을 나의 양육 태도 그리고 교육관에 뿌리를 내린 것 같다. 부모님의 닮고 싶지 않은 점을 나도 모르게 따라 하는 경우가 있었다. 동빈이가 어릴 때 나도 모르게 가끔 필요 이상으로 엄한 훈육을 한 적이 있다. 그동안의 행동을 철저히 반성하고 아이와의 관계 회복에 적극 나서지 않았더라면 아마 지금의 나도, 동빈이도 없었을 것이다.

아빠표영어를 진행하면서 가장 노력했던 부분은 아이가 얼마나 즐기고 흥미를 갖나 살피는 것이었다. 그리고 작은 노력에도 무한 칭찬을 아끼지 않았다. 칭찬은 고래마저 춤추게 한다는데, 말귀 알아듣고 눈치가 빠한 내 아이는 얼마나 더하겠는가!

그동안 지도해온 아이들에게 칭찬과 격려를 아낌없이 해주면서 아이들의 변화를 직접 확인할 수 있었다. 초등 4학년 때 쉬운 영어 한 문장도 못 읽던 아이가 챕터북을 읽게 되고, 영어 단어 한마디 내뱉기 힘들어하던 초등 3학년 여학생이 화상영어 수업 때 선생님과 수다를 떠는 등 말로 다하기 부족할 정도다. 물론 엄마 아빠의 노력이 있었기에 가능했지만, 부모님에게 칭찬과 격려를 아낌없이 주도록 틈만 나면 부탁했다. 아이들의 표정이 점점 밝아지는 것을 보면서 더더욱 그런 생각이 들었다.

"우리 아들, 오늘도 너무 잘했어. 발음도 점점 좋아지고 목소리에도 자신감이 느껴지네. 우리 아들 최고!"

엄실모 카페에서 열심히 낭독 인증을 하는 병우군의 아빠가 매일 남기는 댓글 중 하나다. 엄실모 카페의 병우아빠를 보면서 존경의 마음이 들었다. 진심으로 아이를 존중하고 위하는 마음이 느껴졌다. 아이의 인증글에 엄마 아빠가 열심히 댓글로 격려하는 모습을 보면서 뭉클했다. 이렇게 사랑으로 응원해주는 엄마 아빠가 있다면 아이는 무슨 일이든 자신감 있게, 즐겁게 할 수 있다.

　카페를 처음 개설할 때는 '엄마표영어' 가 아닌 '엄마 · 아빠표영어' 였
다. 시대가 변하고 있기에 아빠의 참여도 은근히 기대했다. 하지만 아빠
들이 적극적으로 동참하는 경우는 극히 드물었다.

　무한 경쟁시대에 가족들의 생계를 위해 최선을 다하느라 지치고 힘들
지만, 내 아이의 미래를 위해서 아빠들도 적극적으로 육아와 엄마표영
어에 동참해주었으면 좋겠다. 이렇게 말하면 아빠들의 지탄(?)을 받을까
살짝 걱정도 되지만, 돈 벌어서 학원비 대준다고 해서 아빠의 역할이 끝
나는 것은 아닌 듯싶다. 역사적으로 훌륭한 위인들을 봤을 때 아빠의 영
향이 실로 지대함을 알 수 있다. 직접적으로 참여는 못해도 상관없다.

　"우리 딸 최고 !", "당신 오늘도 수고 많았어요." 등 따뜻한 말 한마디
면 충분하다. 아빠의 칭찬과 격려, 그리고 따뜻한 관심은 엄마와 아이를
춤추게 만든다.

　한 아빠와 상담해보니, 아이가 잘하는 것은 당연하게 느껴지고 자꾸
틀린 것에만 눈이 간다고 했다. 아마 어릴 때 시험 성적을 최우선하는 권
위주의적인 학교와 가정교육을 받은 엄마 아빠 세대라면 대부분 그러할
것이다. 안타깝지만 말을 안 해도 아이는 금방 아빠 마음을 알아차리고

주눅이 든다. 모든 학습이 쉽지 않지만, 외국어를 배운다는 것은 정말 어려운 과정이다. 사회비평가이자, 역사학자 그리고 유명한 언어학자인 노암 촘스키는 "인간이 가장 하기 어려운 것 중 하나가 바로 외국어 학습"이라고 밝힌 바 있다. 엄마 아빠가 너무 오버하는 게 아닌가 싶을 만큼 아이에게 칭찬을 해줘야 하는 이유다. 더디게 보이고 답답하지만 아이들은 모두 최선을 다하고 있다. 그렇기에 작은 노력 하나에도 긍정의 피드백이 필요하다.

어릴 적 함께한 '엄마표영어' 가 아이의 인생을 바꾼다

힘든 과정인 만큼 영어 자립을 하면 그 열매는 정말로 달다. 수많은 학원들과 영어 프로그램이 있지만, 그에 비해 눈에 띌 만큼 영어를 잘하는 아이가 얼마나 될까? 경제력이 뒷받침되어 어릴 때부터 외국에서 자연스럽게 영어를 익힐 수 있다면 좋겠지만, 대부분의 가정에서는 꿈도 꾸기 어렵다. 엄마표영어, 아빠표영어가 빛을 발할 수 있는 이유다. 많은 선배들의 성공 스토리처럼, 큰돈 안 들이고도 안전한 집에서 얼마든지 영어로부터 자유로워질 수 있기 때문이다.

영어를 어떻게 배우느냐에 따라서 아이의 인생이 달라질 수 있다. 꼭 외국에서 공부하거나 일하지 않더라도, 입시나 취업이 아니라도, 영어는 우리 삶에서 뗄 수 없는 존재가 되었다. 컴퓨터나 코딩을 배우려고 해도 고급 정보가 모두 영어로 되어 있기 때문에, 영어를 잘하면 그만큼 정보 습득력이 높아진다. 또한 영어를 잘하면서 갖게 되는 자신감은 말할 것도 없다.

어느 엄마표영어 책에서 '엄마표영어는 아이에게 줄 수 있는 가장 큰 선물' 이라는 글을 읽은 적이 있는데, 공감이 간다. 많은 아이들의 영어를 지도해오면서 아이의 인생이 실제로 바뀌는 것을 수도 없이 보았기 때문이다. 쉽지 않은 과정이지만, 아이가 세상에 나갈 때 '영어' 하나 만큼은 준비된 상태이길 바라며, 그것은 부모의 노력으로 충분히 가능하다는 점을 강조하고 싶다.

엄마표영어, 아빠표영어를 진행하면서 꼭 잊지 말아야 할 열 가지를 다음과 같이 정리해보았다.

> 1. 엄마표영어는 아이표영어로 가기 위한 출발점이다. 엄마가 아닌, 아이가 중심이다.
> 2. 엄마표영어는 엄마가 직접 가르치는 '티칭' 이 아닌, 옆에서 도와주고 격려하는 '코칭' 이다. 엄마 영어 실력 걱정 말고 노출 환경만 만들어주면 된다.
> 3. 아이가 흥미와 관심을 보이는 책과 영상, 온라인 영어도서관을 찾아주자.
> 4. 영어는 마라톤이다. 꾸준함이 필요하다. 믿고 기다리면 아이들은 믿는 만큼 변한다.

영어에서 자유로워지면 아이들 꿈의 크기도 달라진다. 도전해볼 가치가 충분하다.

5. 한글책 읽기가 모든 학습의 기본이다. 한글책 읽기도 꼭 병행하자.

6. 다른 아이와 비교하지 말자. 아이마다 자기만의 시간표가 있다. 그리고 조급함을 내려놓자. 밥 익기 전에 뚜껑을 열면 설익은 밥을 먹어야 한다.

7. 실천 가능한 목표를 세우고 작은 성공의 기쁨을 느낄 수 있게 해주자. 아이들의 자신감과 자존감이 높아진다. 예를 들어, 매일 낭독, 녹음 그리고 인증, 100권 책 읽기 등이 있다.

8. 언어 학습 초기에는 정확하게 하는 것보다 유창하게 하는 것이 더 중요하다. 조금 틀려도 괜찮다. 단어 스펠링 시험 보는 것보다 다독, 다청으로 문장에 익숙해지는 편이 낫다.

9. 영어보다 내 아이의 행복이 궁극의 목적이다. 아이와의 좋은 관계를 유지하는 것이 가장 중요하다.

10. 칭찬과 격려는 내 아이를 춤추게 한다. 칭찬할 게 없으면, 만들어서라도 해주자.

녹록하지 않은 엄마표영어 지만
함께라면 할 수 있다

직장 맘이든 전업주부 맘이든, 하루하루가 작은 전쟁이다. 엄마 아빠도 바쁘지만, 요즘은 유치원생도 '바쁘다 바뻐'를 입에 달고 다닐 정도로 스케줄이 꽉 차 있다. 퇴근하고 돌아와 밥 먹고, 씻고 나면 벌써 잘 시간이다.

그런데 엄마표영어가 효과를 보려면 매일 일정 시간 동안 책과 오디오, 영어 영상 등으로 영어 노출을 해야 한다. 바쁜 시간을 쪼개서 아이에게 꾸준히 영어책 한 권이라도 읽히고 듣도록 해야 효과가 있다. 그렇다고 아이가 단번에 달라지는 것도 아니고, 언어 배우기의 특성상 그 효과는 아주 천천히 나타난다. 그래서 종종 '이 방법이 맞는 건가?' 하는 의심이 들기도 한다. 아이가 영어를 거부하거나 잘 따라오지 않으면 엄마는 좌절감을 느끼게 된다.

함께하는 이웃, 동지를 만들면 도움이 된다

영어책 1,000권 읽기 도전에 성공하고, 셰도잉을 원어민처럼 잘하던 아이가 어느 날 갑자기 스마트폰 게임에 빠져서 영어를 소홀히 하는 걸 지켜보는 엄마는 너무 속상하다. 엄실모 카페에 올라온 실제 이야기다.

이럴 때 힘든 것을 나누고 격려해주는 누군가가 있다면 큰 힘이 된다. 엄마들마다 비슷한 고민을 갖고 있기에 진심이 담긴 위로는 고스란히 가슴에 와 닿는다.

• 엄실모 카페 회원들의 위로 댓글

엄마표영어를 성공적으로 이끌어 두 아이를 영어 영재로 만든 엄마의 강의를 방송에서 들은 적이 있다. 그런데 그분도 엄마표영어를 진행할 때, 속에서 불쑥불쑥 올라오는 화를 다스리는 것이 힘들었다고 했다. 때론 도를 닦는 수행자가 된 느낌이라는 말도 했다. 이런 말을 들으면 왠지 위안이 된다. '나만 그런 게 아니었구나' 하는 생각에 다시 용기가 생긴다.

엄실모 카페 등 온라인 커뮤니티나 동네 주민들끼리 품앗이 혹은 스터디 등을 만들어서 참가해보는 것은 어떨까. 고민을 나누는 것 외에도, 다른 사람들이 열심히 하는 모습을 보면 자극을 받아서 자신도 열심히 실천하게 되기 때문이다. 굳이 돈을 내고 헬스장에 가는 이유와 비슷하다. 혼자서 운동하는 것보다 여럿이 함께 하게 되면 힘이 나게 마련이다.

엄마표영어 성공의 열쇠는 바로 꾸준함에 있다. 혼자서는 하기 힘들다면 같이 실천할 수 있는 이웃, 동지를 만들어보자. 그러면 더 오래, 더 멀리 갈 수 있을 것이다.

04

랜선 이웃 맘들의 따끈한
엄마표영어 실천 후기

● ● ●

1. 영·알·못 엄마도
할 수 있다!

(초등 1학년 서현맘)

저는 그 흔한 토익 시험도 한 번 안 본…… 영알못 엄마입니다. 토익 몇 점이 만점이죠?_- 저의 영어는 고3 수능 이후로 멈추었고요. 그 이후 추락…… ㅠㅠ

부끄럽지만 SR 2점대 책도 느릿느릿 읽는…… 심지어 모르는 단어도 많음. 아, 그나마 생존영어……? 해외에서 밥, 커피는 시켜 먹을 수 있습니다. ‥;;;;;

제가 이렇게 스스로 '디스' 하는 이유는 많은 엄마표영어 책들의 저자,

또는 엄마표영어를 소개하는 유튜버들이 너무 영어를 잘한다는 거죠. '그들은 영어를 잘하니까 당연히 잘 이끌어줄 것이고, 영어를 못하는 엄마들은 못할 것이다' 라고 생각하실까봐.

저의 비루한 영어 실력을 미리 살짝 얘기하고 저희 아이 영어 이야기를 시작해볼게요. 우연히 엄마표영어에 관한 책들을 읽게 되었어요. 엄마표영어에 대한 믿음이 단단히 쌓였다고 생각했을 때쯤 시작을 했는데 막상 책 읽기, 영상 보기를 시켜보니…… 하, 뭐지, 이거??? 어둠 속에서 헤매고 있는 기분이었어요. 밑 빠진 독에 물 붓는 게 이런 걸까?

매일매일 고민했어요. 이거 계속해도 되나? 답이 나올까? 시간만 보내버리는 건 아닐까? 엄마표 선배들이 1년만 속았다 생각하고 다독하고, 영상 보여주라고 했어요.

까페에 읽은 책 인증하면서 100권, 500권, 1,000권…… 숫자 올리는 재미에 다독했어요. 6개월쯤 했을 때쯤, 어둠 같은 터널 속에서 빛 한 줄기를 봤어요. 일상생활에서 문장을 한마디씩 툭툭 얘기하기 시작하더니, 책에 있는 단어 뜻도 알고 있고, 책 내용도 줄줄 얘기를 해주더라고요. 단어 한 번 외운 적 없는데 대체 어떻게 알게 된 건지, 정말 신기했어요. 퍼즐이 하나씩 맞춰지는 기분이 들었고, 그때부터 엄마표영어에 대한 확신이 들었어요.

영어 공부했던 방법조금이라도 매일 실천했어요

* 영상 보기 1시간영상은 영어만. 한글 영상은 제한합니다

* 읽어 주기: 한글책 30분, 영어책 30분한글책은 엄마가 읽어주고, 영어책은 CD로 같이 듣기

* 스스로 읽기: 한글책 1권, 영어책 1권

* 영어책 집중 듣기 1권

* 브릭스 리딩 주 2회

* 화상영어 주 2회

ABC도 모르는 아이, 6세 후반쯤 시작했고 공부한 지 1년 6개월 정도 되었습니다. 첫 SR테스트에서 2.6, 브릭스 리딩 150 스스로 읽고 풀 수 있습니다. 화상 영어 시작한 지 1년쯤 되니 선생님과 하루 있었던 일들을 문장으로 대화 나눌 수 있는 정도가 되었어요.

딱 1년만 눈감고 영어영상 보고 다독시키길 추천합니다. 그 이후는 아이가 스스로 즐기면서 공부하는, 선순환의 길을 보실 수 있어요.

지금까지 아이 키우면서 제일 잘한 건 독서 습관을 키워준 것과 엄마표영어를 시작한 일이라고 생각합니다. "엄마 영어책 읽는 게 너무 재미있어요"라고 말하는 아이를 보면 너무나 행복합니다.

2. 엄마표영어 덕분에 저도 자신감을 얻었습니다

(초등 2학년, 4학년 지아, 지유맘)

"내 아이는 이번에 폴리 땡땡 가잖아~ 먼슬리 테스트에서 몇 점 받아서 블라블라블라~~"

아이들 영어 교육 관련 대화중인 친구들 사이에서, 저만 이해를 못했습니다. 왜냐고요? '폴리' 라고는 '로보캅 폴리' 밖에 몰랐거든요.

"어차피 고학년 되면 내신 위주로 가야 하니까 청담 무슨무슨 반으로 옮겨."

"이번에 학원 테스트 땡땡반 들어가려고 과외 붙였잖아. 너 토플은 보지?"

와, '청담' 이라는 이름을 가진 건 저희 동네는 한의원밖에 없고요, 토플은 회사 갈 때만 필요한 줄 알았지요.

이런 대화가 일상이 되어버린 엄마들 사이에서 저는 아무 말도 못했습니다. 심지어 폴리가 학원인지조차 몰랐으니까요. 자녀 영어공부가 이야기될 때마다 당연히 학원 반 배정이 주된 관심사였고 높은 반 배정을 받은 자녀의 엄마는 맘 모임 사이에서 은연히 승자처럼 인정받는 분위기를 느꼈습니다. 어학원이 없는 동네에 사는 저는 학원 반 이름부터 공부를 해야 하는 패배감과 소외감을 느꼈죠.

시골에서 자연을 느끼며 생활하는 저희 아이들만 도태되는 것 같아 부라부라 동네 영어학원을 선택해서 1년을 보냈습니다.

오고가며 픽업 시간까지 포함해 늘 한두 시간을 투자하며 보낸 학원에선, 1년 남짓 저희 아이는 알파벳만 주야장천 쓰고 파닉스 정독한다는 명분하에 단어를 죽어라 외웠습니다. 아직 한글 맞춤법도 실수하는 아이에게 알파벳 하나 틀렸다고 혼내기 일쑤였고요. 저희 아이는 어느새 영어 못 하는 아이로 낙인 찍히는 뼈 아픈 기억만 남겨주었습니다.

이건 아니다 싶었습니다. 내 아이잖아요. 학습뿐만 아니라 대인관계도 배우는 과정에서 점차 자신감을 잃어가는 모습을 그냥 지켜볼 수만은 없더라고요. 그날부터 도서관으로 향했습니다. 영어책 코너에서, 화려한 삽화와 큰 글자가 있는, 가장 쉬워 보이는 영어책들로만 골라서 아이와 함께 그냥 계속 읽었습니다. 천 권만 읽어보자 결심하고 꾸준히 읽고 읽다보니 슬슬 재미가 붙었습니다. 그러자 어느 순간부터, 엄마와 아이가 한 쪽씩 번갈아가며 읽는 게 가능해지더라고요!

발음 좀 틀린다고 창피해할 필요도 없고 주눅들 이유도 없이, 아이와 엄마가 서로 "잘했다! 잘했다!" 칭찬하며 편하게 읽어갔습니다.

책을 읽어가면서 내용을 서로 공감하며 함께 웃을 수 있었고, 다른 나라의 문화 등은 덤으로 알게 되었습니다! 이런 식으로도 영어 공부가 정말 되더라고요. 투자 비용이라고는 목소리 내기 위해 식사 든든히 한 것밖에 없었는데 말이어요.

가끔 바쁘거나 책에서 벗어나고 싶을 땐 영어 애니메이션을 함께 보면서 웃고, 애니메이션 속 인물들이 사용한 대화를 영어로 한번 뱉어보고, 가끔은 서툴지만 영어로 서로 이야기해보며 소통의 재미까지 얻었습니다. 십수 년간 학교에서 배웠던 엄마 시대의 영어가 아니라 엄마와 아이가 함께 한글 배울 때처럼, 자연스러운 일상에서 영어를 접하면서 서로 격려해주고 으싸으싸했던거죠. 이러한 엄마표영어를 통해 아이와 관계도 서로 더 좋아졌고 아이도 저도 자신감을 얻었습니다.

이제 저는 영어 이야기 나올 때면 목에 힘 좀 들어가는 엄마랍니다. 저희 아이들은 내뱉는 영어 표현이 설령 틀리더라도 이제 입에서 영어가 습관적으로 나옵니다. 칭찬에서 얻은 자신감을 바탕으로 책과 애니메이션이 만들어낸 소중한 결과지요. 셋째를 낳는다고 해도, 손주를 본다고 해도, 엄마표영어는 함께할 것 같습니다.

3. 영어가 재미있는 서윤이

(초등 4학년 서윤맘)

저는 무역회사를 다니고 있는 직장 맘입니다. 학창시절 제일 싫어하는 과목이 영어였던 저는 대학에 가서도 영어 대신 일어를 선택했었습니다. 하지만 회사 입사 뒤 영어의 필요성을 몸소 느끼게 되었고, 곧바로 영어학원에 등록했습니다. 명동에 있던 코리아헤럴드어학원을 시작으로, YBM어학원, 영어동호회, 소그룹 과외 등을 통해 수년 동안 영어회화풀코스, 미드영어, CNN뉴스영어, 무역영어 등 쉬지 않고 끈기 있게 영어 공부를 했습니다. 그 결과 바이어 상담이나 전화, 이메일 영작 등은 충분히 가능한 실력이 될 수 있었습니다. 언어를 배울 때 제일 중요한 것은 끈기라는 걸 제 스스로 체험할 수 있었죠.

넘 힘들게 외국어를 공부했기 때문에 아이 영어는 어릴 때 빨리 시켜줘야겠다는 생각을 늘 했습니다. 하지만 막상 아이가 태어났을 때 초보맘은 아이를 양육하기도 바빴습니다. 잦은 해외출장과 업무로 고단했지만, 퇴근하고 집에 오면 TV는 무조건 끄고 아이와 놀아주었습니다. 함께 만들기와 그림 그리기를 하고, 한글 책과 영어책을 자기 전까지 읽어주었습니다. 솔직히 영어는 방법을 몰라서 영어 그림책 읽기나 영어 동요 틀어주는 게 제가 해주는 전부였습니다. 제가 가끔 영어로 말하면 고사리 손으로 제 입을 틀어막을 정도로 영어에 대한 거부감이 있었기 때문에 아이 영어는 그냥 막막하기만 했습니다.

서윤이가 초등학교에 입학하고 만족도가 높은 대형어학원에 보낼까 고민도 했지만, 셔틀버스를 타고 다니기엔 아이가 어려 선뜻 내키지 않았습니다.

고민하던 때 엄마표영어실천모임 카페를 알게 되었고, 카페 매니저님이 알려주신 엄마표영어 학습 방법을 보면서, 어둠 속에서 한 줄기 빛을 보는 듯한 깊은 감동을 받았습니다. 거의 모든 글을 하나하나 정독했고, 울 서윤이에게도 하나씩 시도해보기 시작했습니다.

먼저 오알티 1단계부터 읽고 따라 말하기를 시작했습니다. 그리고 리틀팍스에 가입해 자유롭게 영상을 보게 했는데, 처음에는 알아듣지도 못하는 영어가 나와서 싫어하던 아이가 금방 재미에 빠져들었습니다. 아이가 놀 때나 밥 먹을 때는 영어 오디오를 틀어주면서 영어와 친숙해질 수 있게 해주었습니다. 1년 동안은 가랑비에 옷 젖듯이 영어랑 친해지는 것에 중점을 두었기 때문에 영어책 읽기와 영어영상 보는 게 전부였습니다.

초등2학년 때부터는 카페 매니저님께서 알려주신 방법대로 본격적인 훈련을 시작했습니다.

- 단계별 영어 리딩
- 리틀팍스 셰도잉
- 책 서머리
- 화상영어
- 영어영상, 온라인 영어도서관 활용
- 브릭스 리딩, 영어회화 교재 활용

영어를 재미있는 책과 영상으로 편하게 시작한 결과, 아이는 영어 스트레스 없이 2~3시간 영어에 집중할 수가 있었습니다. 서윤이 경우 집중 듣기는 힘들어서 초등 3학년 말부터 조금씩 하고 있습니다. 아이마다 성향이 다 다르므로, 내 아이에게 잘 맞는 방법과 영어책을 찾는 것은 엄마의 과제인 것 같습니다.

매일매일 만 2년 동안 꾸준히 해온 결과, 지금은 《매직트리하우스》를 재미있게 읽고 있고, 책을 읽고 난 뒤에는 스토리 서머리가 가능하고, 일상생활 속에서 영어를 편하게 사용할 수 있을 정도가 되었습니다. 서윤이는 영어를 제일 좋아하는데, 영어를 배우면서 얻은 자신감 덕분인지 다른 과목들에 대한 자신감도 많이 높아졌습니다. 엄마표영어는 지금도 진행 중입니다. 《해리포터》를 재미있게 읽는 그날까지 끝까지 포기하지 않고 해나갈 것입니다.

운동이든 공부든, 늘 작심삼일이었던 제가 엄마표영어를 몇 년 동안 포기하지 않고 해올 수 있었던 힘은 바로 카페에서 매일매일 인증하고, 뜻을 같이하는 어머님들과 매니저님의 응원 덕분이었습니다. 아이 실력이 늘 제자리걸음 같아서 '이 방법이 맞는 건가' 의심하고 흔들릴 때도 많았지만, 따뜻한 카페 어머니들의 칭찬 덕분에 다시 힘을 낼 수가 있었습니다. 아직도 갈 길이 멀지만, 엄마표영어 시작을 고민하시는 분들께 조금이나마 도움이 되어 드리고 싶어 실천 후기를 남겨 봅니다. 내 아이를 가장 잘 아는 사람은 엄마와 아빠이기에 엄마표영어야말로 가장 좋은 영어 공부 비법인 것 같습니다.

아이의 무한한 가능성과 잠재력을 믿고, 남과 비교하지 말고 꾸준히 아이와 함께 하다보면, 큰돈 들이지 않고도 만족할 만한 영어 실력을 갖춘 아이가 될 수 있다고 생각합니다. 뭔가를 시작할 때, 늦었다는 건 없는 것 같습니다. 언제 시작하든 포기하지 않고 끝까지 하는 사람만이 결국 성공할 테니까요. 혼자서는 힘든 엄마표영어, 엄실모 카페와 함께라면 누구든 성공할 수 있을 거라고 확신합니다. 모두 화이팅!

4. 엄마표 동행,
함께하면 할 수 있습니다

(초등 2학년 지아맘)

아이를 키우며 유아기를 되돌아보니, 초등학교 입학 전에는 특별한 선행 학습은 필요 없다는 생각이 들어요. 주변의 유혹에 눈, 귀 닫고 집에서 제일 가까운 도서관에 다니면서 책 육아만 해도 대성공이라고 생각합니다.

옷 쇼핑을 하더라도 여러 브랜드를 구경하고 아이에게 입혀보죠? 책도 마찬가지예요. 도서관에서 여러 출판사의 책을 구경하고, 내 아이가 관심 있다 싶은 책을 대출하면 됩니다. 무료로 책 쇼핑을 할 수 있으니 얼마나 좋아요. 저는 지아가 재미있어 하고 호응이 좋다 싶으면 그 시리즈는 전부 대여하거나 사줍니다. 이렇게 하면 책 쇼핑 실패는 거의 없어요.

이 세상의 모든 아이는 책을 좋아한다고 생각해요. 단, 미디어를 접하기 전까지는요. 아이가 휴대전화와 미디어에 물들기 전에 한글책의 재미에 풍덩 빠지게 해주세요. 한글책 재미를 아는 아이는 영어책에도 쉽게 빠져듭니다.

저는 영어 못 하는 엄마예요. '내가 영어를 잘 못하는 걸 아이가 눈치 채지 않을까?' 하는 불안한 마음은 늘 따라다녔어요. 아이가 유치원에 들어가니 주변에 엄마표를 하는 분은 찾아볼 수도 없고, 인맥 있는 엄마들은 영어학원을 알아보더라고요. 방향은 맞는 것 같으나 엄마표로 혼자 달리니 외로웠습니다.

하지만 엄실모를 만나면서 저와 같은 엄마들이 동행하고 있다는 것에 놀랐고, 많은 선배님들의 노력과 노하우를 공유할 수 있다는 것이 매력적이었어요. 이때부터 '영어책 1천 권 읽기'에 도전했습니다. 처음에는 힘이 들었지만 하면 할수록 아이가 "나는 영어 잘해!"라고 말하더라고요. 세도잉, 낭독도 점점 잘하고 문장 암기하는 시간도 빨라진다는 걸 느끼고 있습니다. 아이 아빠도 대단하다고 칭찬 듬뿍해줘요.

지금 지아는 3천 권 읽기 도전 중입니다. 엄마인 저도 영단어 외우기 도전 중이고요. 최고의 영어 선행학습은 매일매일의 작은 노력이라는 걸 엄실모를 통해 알게 되었습니다. 저처럼 영어 못 하는 엄마들도 겁먹지 마시고 아이와 함께 엄마표 동행해보세요.

2020년 코로나는 아이의 유치원 졸업식도 초등학교 입학식도 하지 못하게 만들었습니다. 많은 학부모님들도 아이의 학습 공백을 고민하는 시간이었을 거예요. 하지만 저는 믿는 구석이 있어서인지 위기는 곧 기회라는 생각이 들었습니다. '이번 기회에 영어에 퐁당 한번 빠져보자!'라는 목표가 생겼고, 그동안 하던 대로 엄실모와 함께여서 영어에 대해 불안하지 않았어요. 오히려 영어에 조금 더 공을 들이는 2020년이 되었습니다.

엄실모는 영어 인증만 하는 곳이 아니었어요. 댓글로 서로의 영어 고민과 안부를 물으며 격려를 해주고, 매달 소소한 이벤트로 아이의 얼굴을 활짝 웃게 만들어주셨어요. 봄날의 단비 같은 선생님의 댓글로 마음이 안정되고 새로운 것을 배울 수 있는 배움터였습니다. '만나본 적도 없고 얼굴도 모르는데 유대감이 생기다니, 이게 가능한 일인가?' 싶을 정도로 마음을 받는 때가 많았어요.

또한 '엄마표영어를 실패하면 어쩌지?' 라는 의심은 조금도 들지 않았습니다. 아침에 눈을 뜨면 아이가 자연스럽게 영어책을 읽었으니까요. 초등학교를 보낸 첫날 담임 선생님께 전화가 왔어요. 지아가 언어능력도 좋고 교과서 읽기를 잘한다고요. 당연한 것이, 매일 영어 낭독을 하고 스토리를 영어로 외울 정도니 한글 교과서 읽기와 역할극은 누워서 떡 먹기죠. 발표력도 좋아지고요.

하루는 엄실모를 주제로 일기를 썼는데 담임선생님께서 '참 잘했어요' 도장

을 두 번이나 찍어주셨어요. 모두가 학습 공백을 고민할 때 코로나에 빛을 발휘한 건 엄실모였습니다.

5. 전직 영어 강사,
   엄마표영어는 초보

(초등 1학년 소율맘)

영어학원 강사와 영어 과외 일을 하면서 수많은 아이들을 만나봤지만, 걸음마와 옹알이를 거쳐 조금씩 한국말을 배워가는 내 아이의 영어를 어떻게 지도해야 할지는 막막했습니다. 아이의 최종 영어 교육 목표를 무엇으로 잡아야 할지입시와 학교 성적, 유창한 영어 구사 능력, 아니면 두 가지 모두?부터가 고민이었죠.

학습으로 영어에 접근하면 '외국어보다는 모국어가 먼저다', '영어는 한글을 뗀 뒤에 시작해도 늦지 않다' 라는 주장도 맞지만, 저는 언어 습득 능력이 뛰어난 유아시기에 적절한 노출을 해주는 것이 자연스러운 영어 습득에 도움이 된다는 것에 크게 동의하는 편입니다. 그렇기에 자연스러운 영어 습득을 위한 엄마표영어를 시도 안 할 이유가 없었죠. 검색을 하다 보니 인터넷상에는 이미 영어 노출 방식과 노하우에 관한 정보가 차고 넘쳐서 그야말로 정보의 홍수였습니다.

다른 분들과 비슷하게 저도 영어 노출을 시작했지만 엄마표영어의 공식처럼 여겨지는 흘려 듣기, 집중 듣기를 하거나 유명한 영어동영상 시리즈를 꾸준히 보여주는 등, 시간 규칙을 정해서 타이트하게 노출에 힘쓴 것은 아니었어요. 다만 아이가 원할 때 흥미를 갖는 내용으로만 영어를 맛보게 해주는 정도로 드문드문 느슨하게 노출해주었습니다.

이 세상 언어에는 한국어 말고도 영어라는 것도 있다는 것을 인지시켜주는 정도로만, 영어의 음가를 귀에 익숙하게 만들어주는 정도로 접근했지요. 저 나름의 방식으로 영어 노래 들려주기, 영어 만화 영상 보여주기, 영어 그림책 읽어주기 등을 돌 전부터 시작했습니다.

엉터리 발음으로 영어 노래를 따라 부르고 조금씩 아웃풋이 나올 때쯤 아이는 영어를 더듬더듬 읽기 시작했습니다. 이때부터 저는 조금씩 조바심이 나기 시작하더군요. 학습을 시작해야 하나? 좀 더 많은 영어 콘텐츠를 어디서 구할까? 이 시기에 엄마표영어를 지속할지, 학원의 도움을 받을지 많이들 고민하는 것 같습니다. 엄마표영어가 어려운 이유는 더디게 성장하는 아이 실력을 묵묵히 지켜보며 꾸준하고 성실하게 지속하는 것이 힘들기 때문이겠지요.

때로는 혼자서 하는 공부보다 함께 하는 공부가 더 큰 도움이 되기도 합니다. 스터디 모임을 하듯이 엄마표실천영어모임 카페에 가입하고 실천 영어와 함께한 지 1년이 되어갑니다. 엄마표영어를 꾸준히 한다는 것이 제일 어려운 부분이었는데, 매일 실천인증을 하다보니 아이도 동기부여가 되고 매일의 영어 습관이 자리 잡힌 듯합니다.

서로 격려해주고 칭찬하며 정보 교환도 하고, 엄마표영어를 함께하는 많은 분의 의견과 엄실모 카페매니저 선생님의 조언을 들으며 지금도 꾸준히 매일의 영어 실천을 진행하는 중입니다.

아직은 걸음마 단계지만 앞으로 아이의 바람은 실천 영어를 하고 있는 언니, 오빠들처럼 영어로 서머리도 하고 두꺼운 영어책도 읽는 것이랍니다. 아이의 영어 실력이 확장되어 언어의 장벽 때문에 자신의 능력이 한계에 부딪히는 일이 없길 바라며 오늘도 말하고, 듣고, 읽고, 쓰기를 실천하고 인증합니다.

6. 원서 읽는 아이와 엄마

(초등 6학년, 중등 3학년 동현, 상현맘)

영어가 주는 각별한 의미는 무엇일까? 나로부터 아이에 이르기까지 영어를 잘했으면 좋겠다는 것이 가장 단순하고도 분명한 답이 아닐까 하며 글을 열어본다. 특히나 두 아이의 엄마인 나는 아이와 함께 학원 대신 집에서 하는 영어 공부를 선택하며 '용기' 와 '도전' 이란 두 단어와 마주하게 되었다.

아이를 키우며 '내 아이를 가장 잘 아는 사람은 나' 라는 확신으로 시작한 엄마표영어는 사실 앞서 표현한 것처럼 쉽지 않는 여정이었다. 사교육 영어학원에 매진하던 큰아이의 영어 교육이 잘못되었음을 안 것은 초등 3학년 무렵이었다. 6년 전의 일이다. 원어민 교사와 함께 하는 어학원에서 거의 묵언수행을 하고 집에 돌아온다는 사실을 알게 되었다. 이후 의미 없는 시간과 노력을 정리했다. 두려움과 설렘이 함께하는 순간이었다.

방법은 잘 몰랐지만 매일 무언가를 함께해야 한다는 생각으로 영어책을 함께 들었다. 많은 정보를 찾아가며 내 아이들에게 맞는 방법을 알아

나갔다. 그리고 나도 학생이 되기로 했다. 가르치는 사람이 아닌 함께하는 사람이 되고 싶었다. 전문가는 아니지만 언어에 대한 생각을 '공부'가 아닌 조금 다른 각도로 바라보아야 한다는 것을 깨달았다.

단어집을 사서 하루 50개씩 외우고, 문제집을 풀고, 문법서를 암기해서 시험을 다 맞는 것보다는 내가 하고 싶은 말을 할 수 있도록, 표현을 기억해서 입 밖으로 말하기까지 매일 연습을 해보자는 것이었다.

영어는 언어임에도 종이에다 쓰는 것에 익숙했던 아이들은 말하는 것에 어색해했다. 영어를 입 밖으로 내도 어색하지 않을 정도로 조금 더 어린 나이에 시작했더라면 하는 아쉬움이 있었다. 노래로, 율동으로 영어를 접하기에는 이미 많이 커버렸다. 대신 흥미로운 내용이 있는 동화책을 펼쳤다. 책을 보고 웃고, 놀라고, 재미있어 하는 아이의 모습에서 답을 찾을 수 있었다. 책 속에는 정말 많은 것들이 녹아 있었다. 단어, 표현, 문법까지도 완벽했다.

특히나 아이가 읽은 책 낭독 연습을 녹음해서 듣는 것이 습관화되자 학습의 많은 부분이 해결되었다. 낭독 녹음은 사실 노력이 많이 필요했다. 완벽한 문장을 읽어내기까지의 실수는 '반복'이라는 과정에 녹아들며, 자연스럽게 입에 익어가는 놀라운 변화를 가져왔다. 단어를 자연스럽게 머리에 넣었고 짧은 표현들을 기억해냈다.

그리고 우리는 매일 이런 과정을 엄마표영어를 함께하는 식구들과 공유했다. 짧은 댓글에는 서로에 대한 따뜻한 응원과 격려가 있었다. 같은 생각을 가진 동지와 같은 끈끈한 애정이 넘치는 곳에서 많은 위로를 받았고 자신감을 얻었다.

지금도 매일 아이들은 자라고 있다. 영어와 함께하며 엄마와 보내는 시간은 공부를 넘어 관심과 사랑이었다고 자신한다. 사랑받으며 자란 아이는 자신감과 희망을 배운다.

아직도 가야 할 길이 멀다. 먼 훗날 아이가 스스로 꿈을 찾는 그날, 그 한편에 영어책과 함께했던 엄마와의 시간을 기억해주길 바라본다.

7. 포기는 배추를
셀 때나 하는 말이다

(초등 3학년 세아맘)

엄마표영어와 벌써 1년 4개월이라는 시간이 지났어요. ORT 1부터 시작해서 지금은 〈매직트리하우스〉도 〈주니비존스〉도 거리낌 없이 잘 들어주고 있어요. 책을 읽으면서 재미있다고 깔깔 웃는 모습을 보면 뿌듯하기도 하고 그래요. 처음 시작할 때는 상상도 못했어요. 물론 지금도 열심히 진행 중입니다.

처음에 엄마표영어를 많은 의심과 함께 시작했어요. 내가 과연 할 수 있을까? 올바른 방향으로 잘 이끌어 줘야 할 텐데 잘 안 되면 어쩌지? 수많은 엄마표영어 책에서 말했듯이 책 읽기만 하면 진짜 성공할까?

언어를 언어로서 즐겁게 받아들여서 책을 쉽게 읽게 되는 그런 날이 올까? 물론 엄실모에는 너무나도 뛰어난 엄마 선생님들이 계셔서 제가 감히 이렇게 경험담을 들려 드려도 되나 싶지만, 아직도 지금도 망설이고 저처럼 의심하고 있는 분들께 확신을 주었음 하는 바람에 이렇게 몇 자 적어보겠습니다.

1. 영어책 읽기, 묻지도 따지지도 말고 시작하십시오.

크게 성과가 안 나타난다고 해서 조급해하지 마세요. 엄마만 포기하지 않으면 아이는 잘 따라옵니다.

처음 시작할 때 영어책 읽기가 습관화가 되기까지는 아이가 집중을 못 할 때도 있고 안 하려고 해서 저와 다투는 날도 굉장히 많았어요. 하지만 그때 엄마의 역할이 가장 중요한 것 같아요. 하루에 1쪽을 했어도 칭찬해주고 또 보상도 적절히 해가면서 책 읽기를 진행했어요.

책 읽기 중간중간에 저 또한 사람인지라 많은 고비가 왔어요. 내가 진짜 잘하고 있는 건지, 아이가 학원을 가서 선생님을 잘 만나면 더 성장할 수 있지 않을까 싶기도 하고……. 제 자신을 의심하며, 아이는 잘 따라오고 있는데 엄마 혼자 지쳐서 포기하고 싶은 마음이 중간중간 찾아왔죠. 그때마다 카페에 인증하고 격려받으며, 처음 시작했을 때의 마음을 되새기면서 포기하지 않았어요. 시행착오를 겪어야 내 아이가 좋아하는 책 종류가 무엇인지, 좋아하는 영상 패턴은 어떤 것인지 알게 돼요. 저절로, 빠르게, 최대의 효과는 바로 찾아올 수 없다고 생각해요. 포기하지 말고 시행착오 또한 두려워 마세요.

2. 아이를 위한 맞춤 엄마 선생님이 되자. 엄마와 아이가 할 수 있는 쉬운 방법으로 계획하자.

세아는 다독을 하는 편인데, 다독을 하다가도 알아서 또 이전에 읽었던 책들을 반복해서 읽었어요. 그렇게 읽다보니 100권, 1천 권…… 권수가 늘어났고, 아이도 읽을 수 있는 글자들이 많아 지다보니 자신감이 생겼고, 재미있는 책들을 찾아 읽고 싶어했어요. 그리고 스스로 반복을 하는 책들도 많이 생겨나더라고요.

책 읽기를 하면서 제가 꼭 지켰던 것은, 모르는 단어가 나와도 알 때까지 완벽하게 하려 하지 않았어요. 한글 책에서 모르는 단어가 나온다고 해서 알 때까지 읽지는 않잖아요. 아이도 엄청 거부했고요. 그냥 즐겁게, 아이가 좋아하는 책만 사서 나르고 도서관에서 빌려다 나르고…… 전 나르기만 했던 것 같아요. 학원에서는 제 아이가 좋아하는 책을 직접 가져다주지는 않잖아요?

내 아이가 반복을 좋아하는지 다독을 좋아하는지, 내 아이의 특성에 잘 맞춰서 엄마는 맞춤 선생님이 되어야 해요. 다른 집 애는 이렇게 했더니 책 레벨이 쑥 오르더라, 이 방법이 좋더라, 저 방법이 좋더라……. 이런 소리 듣고 내 아이에게 강요하면 아이는 도망가더라고요. ㅜㅜ 저도 진행하면서 내 아이가 제일 좋아하고 잘하는 방법을 찾기까지 당근과 채찍을 주며 진행하다보니 오래 해나갈 수 있었던 것 같아요.

3. 엄마와 아이는 가장 사이좋은 친구가 되어야 한다.

아이의 레벨은 한창 멀었는데 엄마의 마음은 이미 《해리포터》를 섭렵하고 외국인이 되어 있습니다. 아이가 쑥쑥 잘 따라와 주는 고마움을 모르고 레벨업에 신경을 쓰게 되면 아이는 힘들다고 영어하기 싫어하고, 엄마도 싫고 다 싫다고…… 힘들어 할 거예요. 가장 중요한 요소인 즐거움을 엄마가 뺏고 있을지도 몰라요. 그냥 아이가 원하는 대로 좋아하는 책을 읽게 두면 되는데 엄마의 욕심이 가장 큰 독이 된답니다.

아이랑 엄마표영어를 진행하면서 가장 중요한 것이 바로 엄마와 아이의 관계인 것 같아요. 저도 이 부분을 제일 먼저 신경 쓰고 서로 조율해가며 책 읽기 하고 있어요.

■ 세아가 지금까지 꾸준히 해왔던 것들

1. 원서 읽기즐겁게, 좋아하고 흥미가 있는 책 위주로

2. 영상 보기30분~1시간

3. 따라 읽기 or 셰도잉아이가 원할 때. 초기에는 따라 읽기를 많이 했는데 후반으로 갈수록 아이가 원하지 않아서 매일하지는 못했어요.

4. 낭독이것 또한 초반에는 거의 매일 하다시피 했는데, 요즘은 쉬운 레벨로 5~10분 이내로 해요.

5. 매일 인증카페에 인증하는 것 또한 저에겐 가장 큰 격려와 동기 부여였어요.

6. 화상영어

너무 두서없이 적은 것 같아요. ㅜㅜ 저도 아직 세아랑 진행 중이고 갈 길이 너무 멀지만 제 글이 엄마표영어를 시작하는 분들께 조금이나마 도움이 되었으면 좋겠어요. 성실함, 끈기만 가지고 진행하다보면 꼭 다 성공하실 거예요. 엄마표영어 같이 성공해요! 지금부터 당장 시작하세요!

8. 엄마표영어와 학원을 병행하고 있어요

(초등 2학년, 초등 5학년 세혁, 세인맘)

저는 성향이 너무나 다른 두 아들을 키우고 있습니다.

본인의 관심 밖의 일에는 오래 집중하지 못하는 큰아이와 가만히 앉아서 꼼지락거리는 모든 것을 좋아하는 둘째아이. 이렇게 다르지만, 책을 읽어주면 옆에 와서 더 읽어달라고 책을 꺼내오던 게 기억이 나요.

영어 공부라고는 학창시절 입시공부를 끝으로 해본 적 없는 엄마가 책을 읽어주려니 처음엔 한 페이지에 한 줄 쓰여 있는 영어책도 떠듬거리며 읽어주고, 몰래 사전도 들춰보고 했어요.

그런데 아이와 함께 듣고, 노래 부르고, 읽고 하다 보니 엄마인 제가 영어 방송이아이용이지만 들리고, 읽을 수 있고, 서로 내용을 말해볼 수도 있고 한 게 너무 신기한 거예요. 저희 집 영어 공부는 엄마와 아이들, 이렇게 셋 다 진행 중이에요. 이젠 아이들이 엄마보다 조금 더 잘해요. 영어에 대한 이런 저의 경험 때문인지 이젠 수학 문제나 다른 과목 문제도 아이 몰래 풀어보다가 모르는 문제가 생겼을 때 알려주는 게 재미있어요. 그래서 '엄마표영어' 는 '엄마 공부다' 라고 생각합니다.

엄마표영어라는 것을 접하고부터 아이의 성향에 맞게 진행하기, 비교하지 않기, 기다려주기, 아이는 배움을 즐거워하고 있다고 믿기를 계속 스스로 마음속에 다잡으며 진행 중입니다. 물론 잘 안 될 때도 있어요. 그럴 때 카페 인증 보고 댓글 달아주신 글을 읽으면 다시 마음잡기에 많은 도움이 되었어요. 저는 영어를 잘하지 못해서 불안한 마음에 학원의 도움을 받고 있지만 영어 학습에 있어서는 스트레스 없이 지내는 아이들 모습을 보니 뿌듯한 마음이 듭니다. 저처럼 학원 도움을 받지 않고, 엄마가 일정한 시간을 정해서 진도를 잡고 하시는 분이 정말 대단하신 것 같아요.

엄실모 카페의 도움이 정말 컸어요. 여러 정보도 얻게 되고, 다른 분들이 실천하는 모습을 보며 자극도 되고, 동기부여도 되고 했어요. '아이의 숙제가 엄마의 숙제다' 라는 말이 있잖아요. 그 말은 나쁜 말만은 아닌 것 같아요. 아이가 학습한 내용을 매일 인증하는 과정 하나만으로도 카페 회원들과의 약속을 지킨 것 같은 마음이 들고, 숙제 검사 받는 느낌이 들거든요.

저는 큰아이 네 살, 작은아이 한 살 때부터 무한 듣기집에서 놀 때, 차 타고 이동할 때 무한 듣기, 아이들이 좋아하는 애니메이션 영어 버전으로 찾아서 보여주기, 엄마도 영어동요 외워서 같이 불러주기, 영어 동화책 못 읽지만 읽어주기만 3년 정도 하다가, 그 이후로는 학습지 도움을 좀 받고

2년 전부터는 학원의 도움과 병행했어요. 집에서 따로 진행하는 것으로는 낭독과 데일리스피치, 영어신문 읽기가 있고요.

큰 아이는 원치 않는 것을 심하게 거부하는 성향이라, 강요해서 학습을 하기보다는 꾸준히 하겠다는 목표를 가지고 있어요. 작은아이는 본인이 욕심이 있어서, 책 읽기를 꾸준히 하고 있어요.

현재 초등 2학년이고 최근 SR 4.4점 결과를 얻었어요. 너무나 훌륭히 잘하고 계시는 분들이 많아서 제가 정보를 얻고 도움을 받는 입장이라 글을 써서 공개하는 게 부끄럽지만 읽어주셔서 감사합니다.

9. 엄마만 포기하지 않으면,
영어를 못하는 아이는 없습니다

(대학교 1. 초등 6학년, 이제, 시연맘)

안녕하세요?

저는 올해 스무 살이 된 큰아이를 키우면서 엄마표영어에 입문한 뒤, 지금은 초등학교 6학년인 막내아이 덕분에 햇수로 9년째 이 세계를 떠나지 못하고 있는 시연맘입니다.

'9년이나 되었으면 알 거 다 알 텐데 왜 아직도 이런 데서 얼쩡거리세요?' 하실지도 모르겠지만요, 엄마표영어의 생명은 바로 엄마의 실천력이잖아요. 이게 이론은 다 아는데도 꾸준히 실천한다는 게 쉽지 않아서, 마치 새벽반 수영 등록해놓고 하루 가고 못 나가는 상황이랑 비슷합니다. 깨워주고 같이 가주고 용기 주는 친구가 있어야 끝까지 해낼 수 있거든요.

저는 큰아이가 초등학교 5학년 때 엄마표영어를 알게 되었어요. 영어유치원까지 보냈지만, 초등학교 1학년이 되어 다닌 영어학원은 아이를 영어에서 완전히 멀어지게 만들었어요. 결국 1년 만에 그만두고 아이가 회복될 때까지 기다려주었습니다.

고민하던 남편은 급기야 조기유학 카드를 꺼냈고, 애 셋 데리고 남편 없이 혼자 하게 될 타국살이가 영 내키지 않았던 저는 쫓겨나지 않겠다 (?)는 필사의 각오로 엄마표영어에 매진했습니다. 다행히 주변에 좋은 기관이 있어 코칭해주시는 선생님도 만나고 친구들도 사귀면서 즐겁게 진행할 수 있었어요.

그렇게 3년이 지나고 나니 애니메이션을 자막 없이 보는 것이 어렵지 않고, 꾸준히 학원 다니며 공부했던 아이들 이상의 성과가 나오기 시작했습니다. 제 아이의 성과를 경험하고, 저는 거의 엄마표영어 전도사가 되어 주변 친구들에게 전하기 시작했어요.

그것도 성에 차지 않아 아예 코칭 전문가가 되기로 작정하고 공부하기 시작했습니다. 큰 아이는 현재 경기도 용인에 있는 사립국제학교 12학년에 재학 중이며, 미국과 캐나다 등지의 대학에 합격통지를 받고 어느 학교로 결정할지 고민 중에 있습니다.

엄마표영어가 아니었다면 영어로 수업하고 공부해야 하는 국제학교에 보낼 엄두도 내지 못했을 거예요. 처음 입학했을 때는 원어민 수준으로 영어를 잘하는 친구들 사이에서 고전했지만, 학기 말에는 가장 성적이 많이 향상된 학생에게 주는 'Most Improved Student' 상도 받을 수 있었어요.

제 일이 바빠지다 보니 큰아이만큼 신경 써주지 못하는 막내아이는 실천영어의 도움을 받고 있습니다. 큰 아이를 보며 느꼈던 것은, 듣기와 읽기에 비해 말하기와 쓰기 실력을 키워주는 것이 상대적으로 어렵다는 것이었어요. 꾸준히 말하기 연습을 하고 체계적인 문법과 문장 구조를 익혀, 쓰기 실력도 키워나가는 것이 중요할 것 같아요.

영어를 못하는 아이는 없습니다. 엄마만 포기하지 않으면요. 평범하고, 오히려 학습 능력 면에서는 느리기만 했던 저희 아이의 성과를 경험하면서 자신 있게 말씀드릴 수 있습니다. 엄실모에서 함께 웃고 울며 보낸 시간들이 반드시 기쁨과 보람으로 돌아오게 될 줄 믿습니다.

긴 글 읽어 주셔서 감사합니다.

10. 엄마처럼
안 되기 위해 애쓰기

(초등 4학년 서아맘)

저는 영어 전공자입니다. 그리고 지금 전공을 살려 일을 하고 있고요.
초등학교 5학년 때 알파벳을 배우기 시작해서 40대 중반이 된 지금까지
중간에 영어를 손에서 놓은 적이 없는 것 같습니다. 아르바이트도 영어
과외만 했고요. 학원 강사로 일하다가 다른 곳으로 옮기더라도 중간에
쉬는 시간 없이, 정말 쉬지 않고 영어를 접해왔어요. 햇수로 치니 벌써
30년이 넘었네요.

그런데 너무도 부끄러운 얘기지만…… 저는 모국어만큼 영어를 못합
니다. 시험은 잘 볼 수 있으나 의사소통을 하기에는 턱없이 부족한 실력
이지요. 지금도 학교 내신 대비, 모의고사, 수능 강의부터 시작해서
60~70대 어르신들에 이르기까지 다양한 연령층의 학생들에게 나쁘지
않은 선생님으로 인정받고 있으나, 그 오랜 시간 영어를 접해왔음에도
불구하고 영어가 모국어 같지 않네요. 그래서 저는 제 딸이 저처럼 안 되
기 위해 애쓰고 있습니다.

영어를 좀 잘했으면 하는 마음에 영어유치원에 보냈으나 과도한 숙제

와 시험으로 인한 스트레스로 아이에게 여러 가지 틱 증상이 한꺼번에 나타나더라고요. 그래서 유치원을 그만두고 리틀팍스를 보여주다가 엄실모를 만났습니다.

한 1년 리틀팍스를 보기만 하다가, 엄실모를 만나면서 Wacky Ricky를 읽히기 시작했습니다. 처음에는 하나의 에피소드를 혼자 읽어내는 데 꼬박 일주일이 걸리더니 60권이 넘어가니까 하루 하나씩 읽어내더군요. 그렇게 100개의 에피소드를 읽고 사립초등학교에 들어갔습니다.

아이가 1학년이 되던 해, 교육부에서 초등학교 1, 2학년 수업에서 영어 시간을 빼라는 영어 금지령을 내렸습니다. 그래서 1학년 내내 학교에서 영어 수업은 하나도 안 했고, 갑자기 바빠진 제 일로 인해 집에서도 영어가 딱 끊어졌어요.

2학년이 되니 영어 수업이 가능하게 되어서, 분반을 위해 3월 한 달 간 레벨테스트를 봤어요. 기대도 안 했는데 떡하니 네 개 레벨 중 두 번째 반에 들어가더군요. 일주일에 네 시간 수업을 받는데, 1교시에는 단어 익히기 및 미리 외워 온 단어 테스트, 2교시에는 지문 읽기, 3교시에는 문법 연습, 4교시에는 에세이 쓰기 및 발표. 그렇게 4교시가 지나고 나면 한 단원이 끝나고, 그 뒤에는 새로운 단원이 똑같은 형식으로 진행되더군요. 단어 외우기도 안 하고, 문법도 안 하고, 쓰기도 안 하고 아무것도 안 하고 단지 Wacky Ricky 100권만 딱 읽은 뒤 1학년 내내 영어 공부

하나도 안 하던 아이가, 레벨테스트를 무슨 수로 그렇게 잘 봤을까요?

아이는 점점 영어 수업을 힘들어했고 흥미를 잃었습니다. 나중에 알고 보니 저희 아이가 속해 있던 두 번째 레벨은 15명 중 80프로 이상이 영어유치원 3년차 아이들 중 첫 번째 레벨에 들어가지 못했던 아이들이었어요. 영어유치원을 3년 동안 다녔으니 얼마나 쓰기도 잘하고 단어도 많이 알았겠어요. 그런 아이들 속에서 1년 동안 저희 아이는 얼마나 괴로웠을까요?

힘들어하는 아이를 보니 너무 마음이 아팠습니다. 그런데 한편으로는 깜짝 놀랐습니다. 테스트를 하루이틀 본 것도 아니고 전문가 선생님들이 한 달에 걸쳐서 지켜보셨으니, 나름 객관적인 결과가 아니었을까요? 저희 아이가 한 것이라고는 리틀팍스 많이 보고, 세도잉 하고, 책만 좀 읽은 게 다인데 영어유치원 다닌 아이들이랑 비슷하다고 하니 너무 신기했습니다. 다른 14명의 아이들보다 단어를 모르고 쓰기를 못하는 건 안 했으니까 당연한 것이라고 아이를 격려하고 제 스스로를 다독였습니다.

3학년 때 집 앞 학교로 전학을 시켰어요. 그전 학교 친구들이 대형학원 레벨테스트에서 '고2 수준이 나왔다', '중3 수준이 나왔다' 는 얘기를 들을 들을 때마다 많이 부러웠습니다. 하지만 저희 아이는 그렇게 하루에 몇 시간씩 학원에서 수업 받고, 숙제하고, 시험 보는 게 너무도 힘들다는데 어떻게 보내겠어요. 저는 아이가 너무 힘들지 않으면서, 자기 시간 많이 가지고, 시험은 못 보지만 부담 없이, 영어 자막 없이 영상 잘 보고, 세도잉 잘하는 것으로 만족합니다.

화상영어 수업한 지 벌써 1년 3개월이 되었어요. 가끔 인터넷에 문제가 생겨 전화로 선생님과 수업을 하는데, 중간에 끊지 않고 20분 동안 수업 잘 받는 것 보고 깜짝 놀랐습니다. 시험 좀 못 보면 어떻습니까, 레벨테스트 점수 좀 안 나오면 어떻습니까, 외국인 선생님 수업 거부하지 않고 수업 시간 내내 집중해서 잘하는 것 보니 엄마처럼은 안 되겠다 싶어서 얼마나 기쁘고 고마운지 모릅니다.

4학년 중반이 되니 쓰기를 전혀 안 할 수가 없어서 아주 쉬운 책으로 외워 말하기, 외워 쓰기, 듣기 평가 실시 뒤 스크립트 읽기를 병행하며 열심히 세도잉 하고 화상영어 수업 꾸준히 받고 있습니다. 한국 사람이라고 해서 국어시험 다 100점 받는 건 아니잖아요? 시험 영어는 중학교 가서 시험 볼 때부터 하라고 하고 그전까지는 귀와 입을 여는 것을 목표로 달려가렵니다. 오늘도 마음 다잡고 파이팅 해봅니다.

11. 엄마표영어
10년 진행기

(초등 5학년 현준맘)

미국인은 지능에 상관없이 다 하는 영어를 왜 우리나라 사람들은 힘들어할까 고민하다가 '영어는 지능이 아닌 환경' 일 거라는 확신으로 시작한 엄마표영어가 벌써 10년이 넘었답니다. 우여곡절이 많았지만 영포자인 저도 꾸준히 엄마표영어를 실천하니 만족스러운 결과초등4학년 때《해리포터》책을 읽고 청담 Par 레벨 나옴가 나오더라고요.

불안하고 지칠 때도 많았지만, 두 가지는 꼭 지켰던 것 같아요.

첫째는 아이를 믿고 매일매일 하기. 처음은 다 서툴고 어렵고 마음에들지 않더라도, 내일은 더 나아지고, 그 다음날은 좀 더 나아지더라고요. 이렇게 10년을 했더니, 잘할 수밖에 없더라고요. 엄실모엄마표영어실천모임 카페에 학습 인증도 하고, 공부 방법도 공유하면서 많은 도움을 받았고, 서로를 격려하며 즐겁게 진행했던 것 같습니다.

둘째는 듣기에 집중하기. 10세 전까지는 듣기에 90% 이상 집중을 하였고, 듣기가 충분히 된 뒤에 읽기의 비중을 조금씩 늘렸습니다. 초등5학년인 아들은 좋아하는 주제나 게임을 유튜브로 보고, 좋아하는 영화를 넷플릭스로 충분히 본 것이 도움이 많이 되었다고 하더라고요. 엄마의 영어 실력과 엄마표영어 진행의 상관관계에 대해서 많이들 궁금해하시던데, 제가 해본 결과로는 전혀 상관이 없더라고요. 아직도 갈 길이 멀지만, 아이가 원할 때까지는 엄마표영어를 진행해볼 예정입니다.

아이가 꿈을 이루는 데 영어가 걸림돌이 되지 않았으면 하는 바람으로 엄마표영어를 진행하시는 부모님들을 응원합니다.

12. 엄마표 영어는
친밀감과 꾸준함이 답입니다.

(6세, 초등 3학년, 규비, 도윤맘)

저는 아이를 교육할 때 항상 '나는 어떻게 공부했더라.' 부터 먼저 생각해봅니다. 내가 왜 못했을까? 곰곰이 돌아보고 아이를 가르친다는 생각이 아닌 함께 공부한다는 마음으로 첫발을 내딛습니다. 제가 왜 엄마표로 영어를 공부해야겠다는 생각을 가지게 되었는지에 대한 계기를 살짝 말씀드려볼게요.

저는 어릴 때 알파벳만 겨우 알고 중학교를 입학했어요. 알파벳이라는 낯선 철자를 만난 순간! 어떻게 공부해야할지 몰라 당시 정말 큰 충격을 받았었죠. 처음으로 만난 영어 선생님께서는 무조건 문장을 외우라고 하셨어요. 파닉스라는 것을 하나도 모르는 저는 무식하게 영어 발음 기호를 한글로 바꿔 써놓고 무조건 외웠어요. 그렇게 시작된 영어, 잘했을까요?

결국, 저는 영어에 자신이 없어요. 외국인을 만나면 당황해서 어쩔 줄 몰라합니다. 왜 제가 영어를 아직도 두려워할까요?

그 이유는 바로, 영어와의 첫 만남이 잘못됐고, 친밀하게 지내지 못했기 때문입니다.

귀를 열어두자

첫 아이가 태어나고 영어만큼은 자연스럽게 터득하는 기회를 주고 싶었어요. 4살부터 시중에 나오는 마더구스 CD를 사서 놀이할 때 많이 틀어주었어요. 영어를 몸으로 접하는 것이 중요하다고 생각해서 〈노래 부르는 영어동화〉 시리즈를 사서 율동도 따라했어요. 5살부터는 까이유, 맥스앤루비, 페파피그, 립프로그와 같은 초급 단계의 DVD도 매일 1시간씩 시청할 수 있도록 했어요.

조금씩 듣다 보니 이야기를 영어로 듣는 것을 거부하지 않더라구요. 귀를 여는 것이 친밀감 쌓기의 시작이었어요. 지금 도윤이는 영화를 볼 때 내용이 어려운 경우에는 이해를 돕기 위해 영어 자막 도움을 받기도 하지만, 자막 없이 이야기를 보는 경우가 더 많아요. 영어가 모국어는 아니지만 많이 익숙하다는 증거인 것 같아요.

스토리에 빠지도록 하자

아이가 영어에 친밀감을 느끼면서, 새로운 이야기를 권유해보는 활동을 꾸준히 했어요. 가장 큰 도움을 받은 것은 리틀팍스였어요. 리틀팍스는 이야기가 꾸준히 연재되고, 아이들이 좋아하는 소재가 많았어요. 다음 이야기를 궁금해하면서 듣다 보니, 아이의 단계가 어느새 높아지더라고요. 초1에 파닉스를 확실히 익히고, 리틀팍스에 나오는 퀴즈 풀기를 활용해서 자신이 들은 내용이 맞는지 확인도 스스로 해보게 되었어요. 다양한 이야기를 스스로 찾아보고 흥미로워하다 보니, 영어가 더욱 친밀감 있게 느껴지게 되었어요.

결국, 꾸준함이 답이다

초1, 여름까지는 영상을 통해서 듣고 보고 영어에 흥미를 가지고 즐겁게 참여하였지만, 한 가지 문제에 부딪히게 되었어요. 아이가 책으로 영어를 보는 것에는 낯설어하는 거에요. 어떻게 이 문제를 해결할까? 어디서부터 시작해야 하나? 또 하나의 벽에 부딪히게 되었죠.

거듭된 고민 중에 〈엄마표영어실천모임〉이라는 카페를 발견하게 되었어요. 혼자 실천하기는 힘든데 같이 실천하기는 훨씬 수월하겠다는 생각이 들어 카페를 당장 가입하고, 초1, 7월부터 매일 읽은 영어책을 인증으로 남기기 시작했어요. 까이유 보드책 1권이 긴 여정의 시작이었지요. 많이 보고 친숙한 캐릭터가 나오는 책부터 읽어보자는 심정으로 차근차근 1권, 2권, 3권 점점 권수를 늘여 갔어요.

그리고 그해 12월에 1,000권을 채웠어요. 아들도 1,000권이란 숫자가 되고 점점 권수가 늘자, 더 열심히 해야겠다는 생각이 들었나 봐요. 카페 인증이 동기 부여의 원동력이 된 셈이죠. 이제 카페 가입한 지 1년 9개월이 되었어요. 현재 도윤이는 초등학교 3학년이고 5,000권을 향해 달려가고 있습니다. 꾸준한 집중듣기와 낭독 결과, 얼마 전에 본 테스트에서 렉사일 지수 500, AR지수가 2.8이라는 결과도 나왔어요. 현재 AR 2~3단계 책을 골라 도서관에서 빌려보고 있는 중이에요. 꾸준히 하다보면, 《해리포터》 책을 읽을 날도 오겠지요?

혼자가 아닌, 함께 하다보면 성장이 보인다.

평가라는 도구가 없다보니 잘하고 있는지 고민이 될 때도 있어요. 그럴 때는 학원을 가보세요. 저는 학원을 보낼 목적이 아닌, 엄마표수업 과정의 평가를 위해 학원에 들러 봅니다. 최근 두 군데의 대형학원을 가보았는데, 꾸준히 리딩 실력이 올라가는 것을 확인할 수 있었어요. 학원커리큘럼을 보았더니 엄실모 회원 분들이 하는 교재와 교육 방법이 비슷하더라고요. 그래서 더 확신이 들었어요. '내가 하는 엄마표영어가 지름길이구나! 그래, 잘 할 수 있겠구나!'

엄실모에서 나눈 정보를 통해 교재 선택에 도움을 받고, 인풋과 아웃풋 활동 제시 방법을 익히고 실천한다면 학원보다 더 훌륭한 커리큘럼이 될 수 있어요. 엄실모를 통해 실천 영어에서 원어민 교사와의 화상수업도 1년 넘게 진행 중인데 어색했던 몇 달이 지나니 지금은 원어민 선생님과 친구처럼 자연스러운 대화가 오갑니다. 자연스러운 영어노출이 집에서도 모두 가능하다는 것을 더 실감했죠.

도윤이가 2년 가깝도록 실천하다 보니 둘째 규비는 덩달아 같이 성장합니다. 6살인데도 영어에 친숙해서인지 높은 단계의 책을 보는 것에 거부감이 전혀 없어요. 현재 규비도 2,000권을 향해 도전 중입니다.

앞으로도 저는 이 카페를 통한 실천을 이어나갈 예정입니다. 엄실모 카페 선생님은 실천을 이어나갈 수 있도록 멘토가 되어주시고, 같이 실천하는 엄실모 회원분들은 응원과 격려를 아끼지 않으십니다. 혼자 할 땐 길이 보이지 않을 때가 참 많았는데, 엄실모 회원들과의 소통으로 매일 실천이 습관이 되었어요.

함께 하다 보면 성장이 빨라집니다. 망설이지 마시고, 지금 1권부터 저와 함께 도전해보세요!

13. 엄마표영어로
외고에 합격했어요

(고등 2학년 수연맘)

13년 전 둘째 아이의 영어 교육을 위해 검색 하던 중 '엄마표' 라는 말을 듣게 되었다. '엄마표가 뭐지?' 하며 알아보니 엄마표 영어를 하려면 '노부영' 을 해야 한다는데 그게 뭘까 궁금했다. 그 땐 '노부영' 이 사람 이름인줄 알았다. 그 유명한 노부영은 '노래를 부르는 영어' 의 약자였다. 그렇게 검색에 검색을 거듭해 엄마표영어를 정착 시키는 데 6년이 걸렸다. 그 정착이라는 것이 크게 거창한 것이 아니다. 매일 일정한 시간에 오디오 플레이 버튼을 눌러주는 데 그렇게 긴 시간이 흘렀다.

"오늘부터 우린 영어책 CD들을 거야!" 한다고 바로 들어지는 것이 아니었다. 습관이 안 되어 한번 듣고 일주일 건너뛰고, 한번 듣고 열흘 건너뛰고, 한 번 듣고 한 달 건너뛰고를 수없이 반복해 매일 같은 시간에 플레이 버튼을 누르는 데 5세에 시작해서 11세가 되어서야 건너뛰지 않게 되었다.

그렇게 시작된 영어책 듣고 읽기 1년 6개월 만에 《해리포터》를 넘어 5~7레벨의 원서를 자유롭게 읽게 되었을 때 '가랑비에 옷 젖는다' 라는 말을 실감하게 되었다. 한 줄, 두 줄, 세 줄 영어책이 어느새 500~600 페이지 영어책으로 변해 있었으니 말이다. 가끔 만나는 사람 중에 번역가나 통역사가 되려고 영어책을 읽는 줄 아는 사람도 있었다. 그런 사람들 대부분은 '이제 통번역은 번역기가 해줄 텐데 왜 영어에 치중하느냐?'고 생각하는 부류의 사람들이었다. 과연 우리 세대에 번역기가 통번역해주는 세상이 오기는 할까? 그렇다고 우리 아이가 통번역가가 되길 생각해 본 적도 없고, 본인도 하고 싶은 생각이 없다.

세계 인구 중 가장 많은 사람이 사용하고, 가장 많은 정보를 가지고 있는 영어에서 자유로워져 배우고 싶은 것, 하고 싶은 것이 아주 많은 아이에게 날개를 달아주고 싶었다. 아프리카에 가서 난민 어린이들을 위한 교육도 하고 싶고, 유라시아 대륙을 두루 여행하며 오리엔트 문명이나 로마제국에 대한 여행기도 쓰고 싶고, UN에서 국제사회를 위한 일도 해보고 싶은 아이에게 영어를 못해서, 또는 중국어를 못해서 꿈을 포기하게 하고 싶지는 않았다. 바로 이런 이유가 13년간 엄마표를 가장한 아이표영어를 하게 한 원동력이기도 하다.

엄마표는 엄마가 티칭을 하는 것이 아니라 아이 스스로 하게 하는 가이드라인을 잡아주는 것이기에 영어를 몰라도 된다. 그러니 많은 사람들이 엄실모 카페 매니저님의 책을 너덜너덜해질 때까지 읽고, 우리 아이들이 영어에서 해방되어 넓은 세상을 향해 나아가기를 바란다.

앎

김선호 지음
208쪽 | 12,500원

독서로 말하라

노충덕 지음
240쪽 | 14,000원

독한 시간

최보기 지음
244쪽 | 13,800원

놓치기 아까운
젊은날의 책들

최보기 지음
248쪽 | 13,000원

걷다 느끼다 쓰다

이해사 지음
364쪽 | 15,000원

공부유감

이창순 지음
252쪽 | 14,000원

베스트셀러
절대로 읽지 마라

김욱 지음
288쪽 | 13,500원

책 속의 향기가
운명을 바꾼다

다이애나 홍 지음
257쪽 | 12,000원

삶을 업그레이드하는 더 나은 책 ──── 모아북스의 리더십 · 마인드 · 자기계발 도서

직장 생활이 달라졌어요

정정우 지음
256쪽 | 15,000원

4차 산업혁명의 패러다임

장성철 지음
248쪽 | 15,000원

리더의 격 (양장)

김종수 지음
244쪽 | 15,000원

숫자에 속지마

황인환 지음
352쪽 | 15,000원

당신이 생각한 마음까지도 담아 내겠습니다!!

책은 특별한 사람만이 쓰고 만들어 내는 것이 아닙니다.
원하는 책은 기획에서 원고 작성, 편집은 물론,
표지 디자인까지 전문가의 손길을 거쳐
완벽하게 만들어 드립니다.
마음 가득 책 한 권 만드는 일이 꿈이었다면
그 꿈에 과감히 도전하십시오!

업무에 필요한 성공적인 비즈니스뿐만 아니라 성공적인 사업을 하기 위한
자기계발, 동기부여, 자서전적인 책까지도 함께 기획하여 만들어 드립니다.
함께 길을 만들어 성공적인 삶을 한 걸음 앞당기십시오!

도서출판 모아북스에서는 책 만드는 일에 대한 고민을 해결해 드립니다!

모아북스에서 책을 만들면 아주 좋은 점이란?

1. 전국 서점과 인터넷 서점을 동시에 직거래하기 때문에 책이 출간되자마자 온라인, 오프라인 상에 책이 동시에 배포되며 수십 년 노하우를 지닌 전문적인 영업마케팅 담당자에 의해 판매부수가 늘고 책이 판매되는 만큼의 저자에게 인세를 지급해 드립니다.

2. 책을 만드는 전문 출판사로 한 권의 책을 만들어도 부끄럽지 않게 최선을 다하며 전국 서점에 베스트셀러, 스테디셀러로 꾸준히 자리하는 책이 많은 출판사로 널리 알려져 있으며, 분야별 전문적인 시스템을 갖추고 있기 때문에 원하는 시간에 원하는 책을 한 치의 오차 없이 만들어 드립니다.

기업홍보용 도서, 개인회고록, 자서전, 정치에세이, 경제 · 경영 · 인문 · 건강도서

모아북스 MOABOOKS 문의 0505-627-9784

아빠표 영어로 끝장내는 영어 학습법

초판 1쇄 인쇄 2021년 08월 27일
　　1쇄 발행 2021년 09월 10일

지은이　　황현민 · 김종석
발행인　　이용길
발행처　　**모아북스**
　　　　　　MOABOOKS

관리　　　양성인
디자인　　이룸

출판등록번호　제 10-1857호
등록일자　　1999. 11. 15
등록된 곳　　경기도 고양시 일산동구 호수로(백석동) 358-25 동문타워 2차 519호
대표 전화　　0505-627-9784
팩스　　　　031-902-5236
홈페이지　　www·moabooks·com
이메일　　　moabooks@hanmail·net
ISBN　　　979-11-5849-150-5　　13590